"十三五"国家重点图书　　总顾问：李　坚　刘泽祥　胡景初

2019年度国家出版基金资助项目　　总策划：纪　亮　总主编：周京南

国家出版基金项目
NATIONAL PUBLICATION FOUNDATION

中国古典家具技艺全书

（第一批）

榫卯构造 II

第二卷

（总三十卷）

主　编：纪　亮　叶双陶　卢海华

副主编：王景军　樊　菲　贾　刚

中国林业出版社

·北京·

图书在版编目（CIP）数据

榫卯构造 . Ⅱ ／ 周京南总主编 . —— 北京 ： 中国林业出版社，2020.5
（中国古典家具技艺全书 . 第一批）

ISBN 978-7-5219-0605-9

Ⅰ . ①榫… Ⅱ . ①周… Ⅲ . ①木家具－木结构－介绍－中国－古代
Ⅳ . ① TS664.103

中国版本图书馆 CIP 数据核字 (2020) 第 093881 号

责任编辑：杜　娟

- -

出 版：中国林业出版社（100009 北京西城区德内大街刘海胡同 7 号）
印 刷：北京雅昌艺术印刷有限公司
发 行：中国林业出版社
电 话：010-8314 3518
版 次：2020 年 10 月 第 1 版
印 次：2020 年 10 月 第 1 次
开 本：889mm×1194mm，1/16
印 张：17.5
字 数：200 千字
图 片：约 500 幅
定 价：360.00 元

目 录

榫卯构造 I（第一卷）

榫卯构造 II（第二卷）

二、榫卯构造之古典技艺

目 录

常见术语

附录：图版索引

榫卯构造之古典技艺 二

14. 方形托泥和腿足接合

1）基本概念

托泥是指古典家具上承腿足、下接地面或小足的部件。托泥有方有圆，可以起到增强家具稳定感的作用。此种方形托泥和腿足是用燕尾榫来连接的，这种做法非常适合做不施胶水的家具，便于拆装，坚实牢固。

2）应用部位

方形托泥和腿足接合处，多见于案、方几、方凳之上。

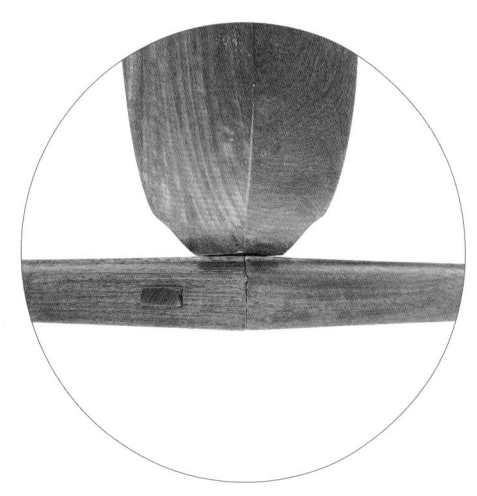

整体结构示意图

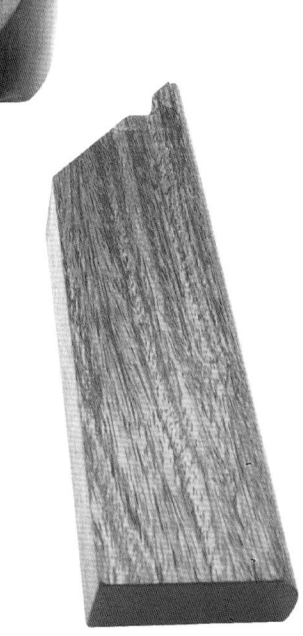

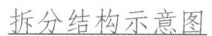

拆分结构示意图

注：全书计量单位为毫米（mm）。

[榫卯口诀]

托泥腿足用燕尾，

拆装牢固不上胶。

太短榫头易崩口，

太窄榫头易断裂。

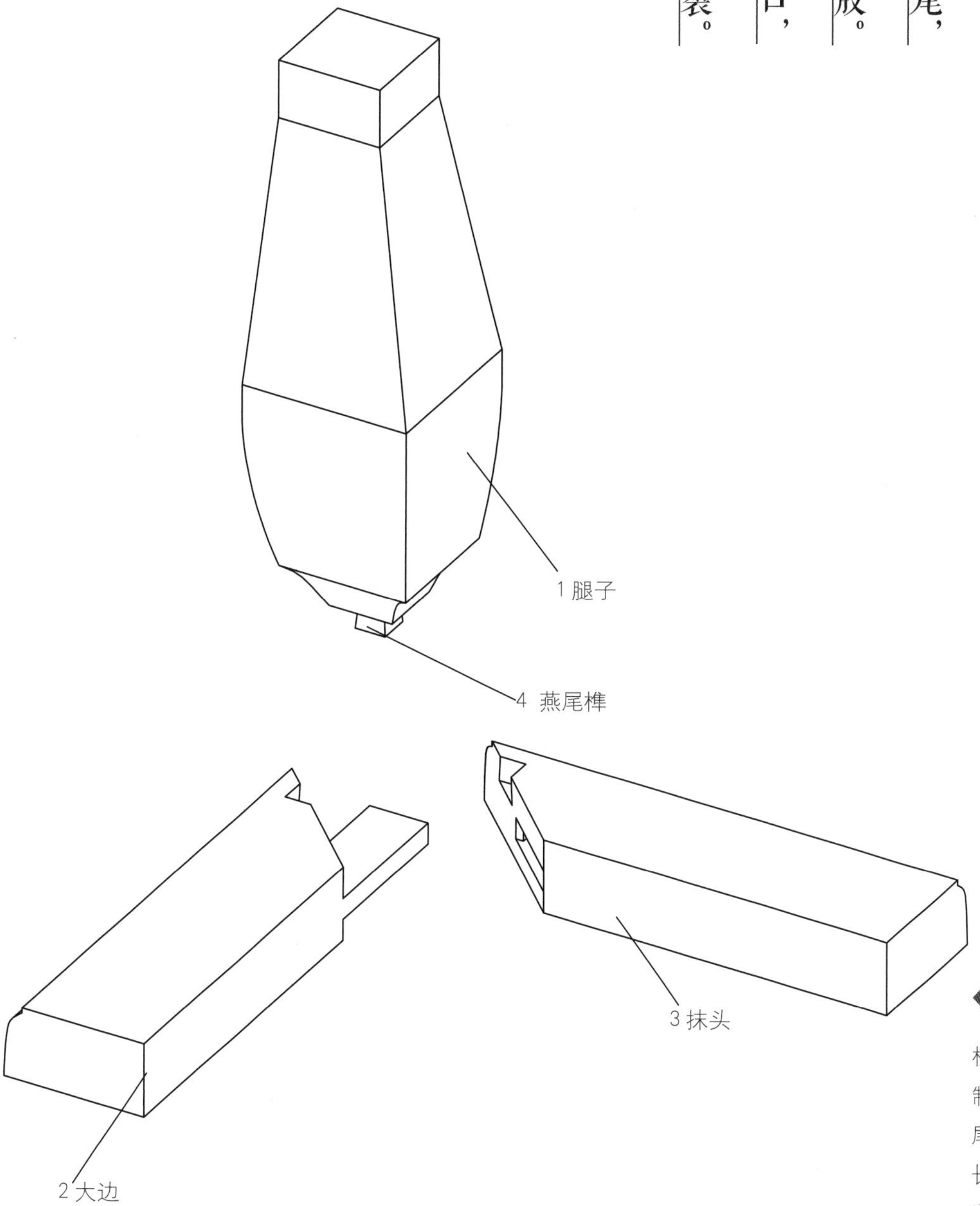

1 腿子

4 燕尾榫

3 抹头

2 大边

整体透视图

◆ 制作要点：

相比直榫而言，燕尾榫制作难度更大，而且燕尾榫榫头应保留一定的长度和宽度，如果太短容易崩口，如果太窄容易断裂。

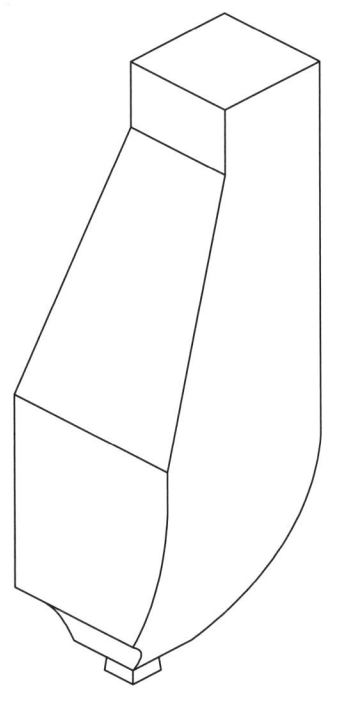

腿子透视图

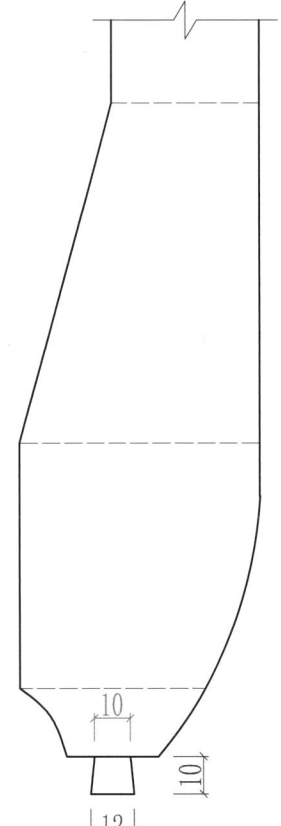

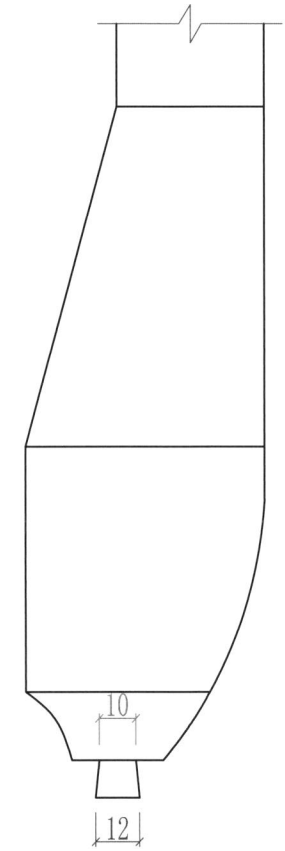

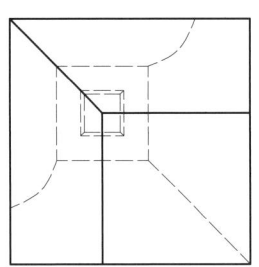

10

10

12

12

正视图　左视图

俯视图

比例: 1 : 2

腿子三视图

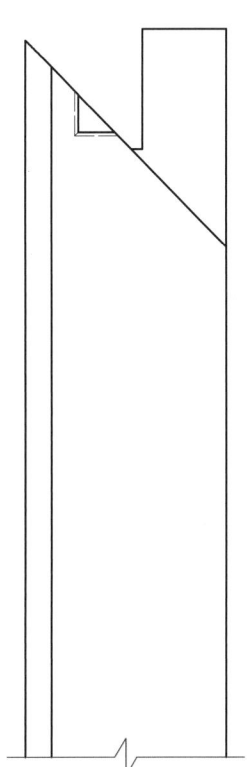

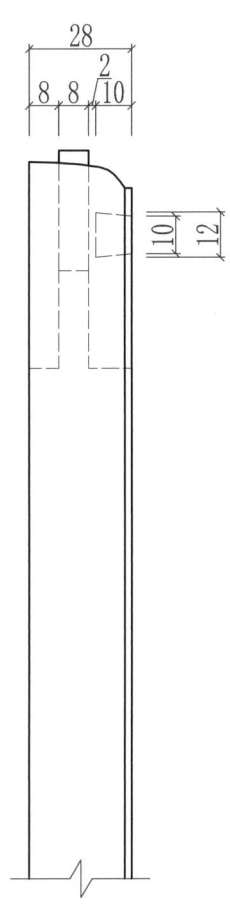

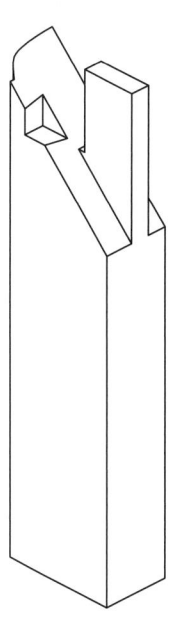

大边透视图

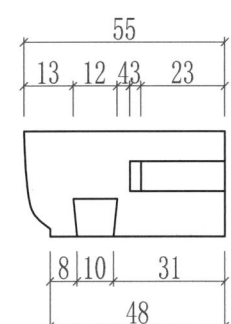

大边三视图

正视图 左视图

俯视图

比例: 1 : 2

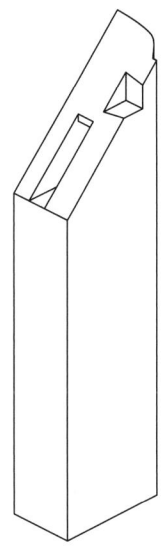

抹头透视图

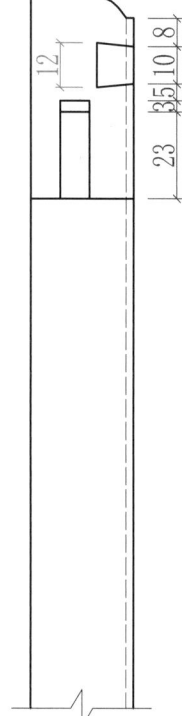

正视图	左视图
俯视图	

比例：1：2

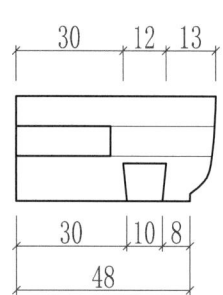

抹头三视图

3）家具实例：清式紫檀花几

方形托泥和
腿足接合

清式紫檀花几—整体图

方形托泥和
腿足接合

清式紫檀花几—细节图

古典技艺

15. 圆腿夹头榫结构

1) 基本概念

夹头榫是案形结体家具常用的一种榫卯结构，是匠师们受到建筑上大木梁架柱头开口、中夹绰幕的启发而运用到桌案上来的。大约在晚唐、五代之际，我国家具上便开始运用夹头榫，它是古典家具上历史最为悠久的榫卯构造之一，也是明式家具上典型结构之一。其特点是易加工，传导受力均匀，牢固耐用。圆腿夹头榫结构形式很多，此种结构最为常见。

2) 应用部位

桌案类的腿足和大边、牙板、牙头接合处。

整体结构示意图

拆分结构示意图

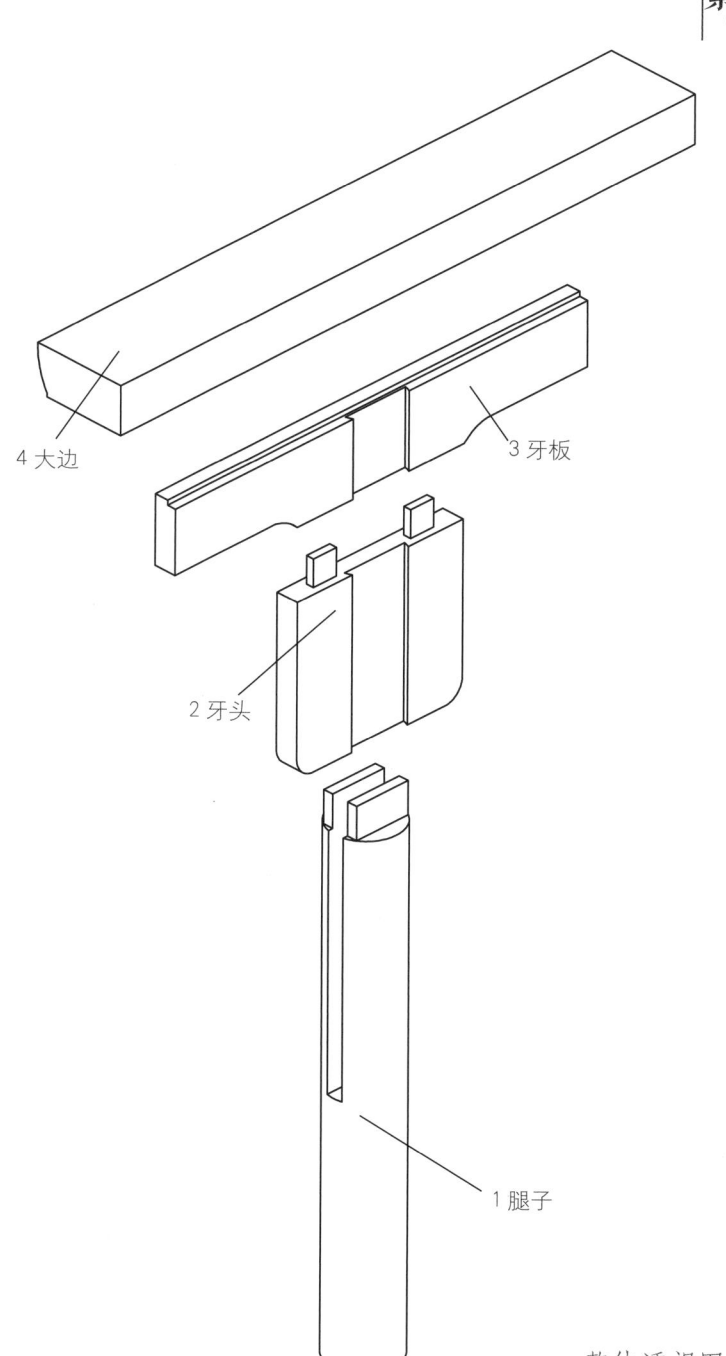

4 大边

3 牙板

2 牙头

1 腿子

整体透视图

◆ 制作要点：

此结构比较简单。为了器型美观，在家具制作中应注意以下几点：一是腿子相对于案面都有挖度，要注意各部件的加工角度。二是牙板要有意识地比腿子上肩高1～2毫米，这样日后牙板和案面接合会更严紧。三是牙板正面应是平的，背面开槽卡入腿中，这样看面才美观。

在这个结构中，腿子和牙板同时嵌入案面4毫米深，是为了水平方向看上去更严紧；也可以不这样做，让腿肩和牙板直接与案面齐平接合。

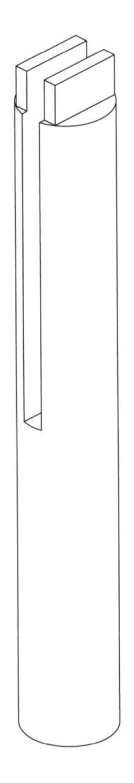

腿子透视图

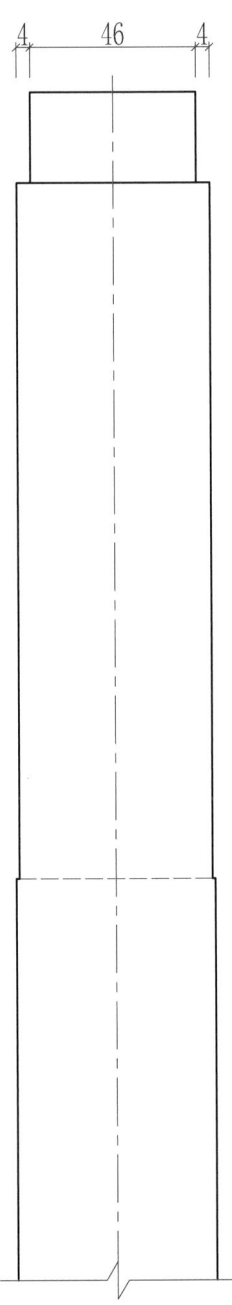

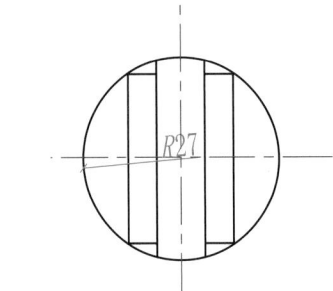

正视图	左视图
俯视图	

比例：1：2

腿子三视图

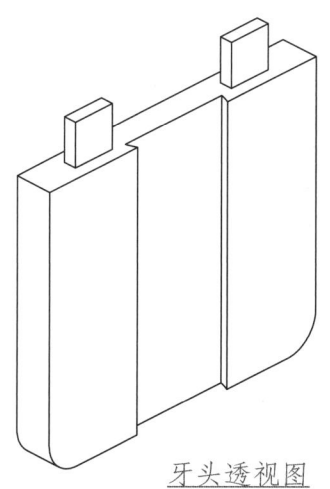

牙头透视图

正视图	左视图
俯视图	

比例: 1 : 2

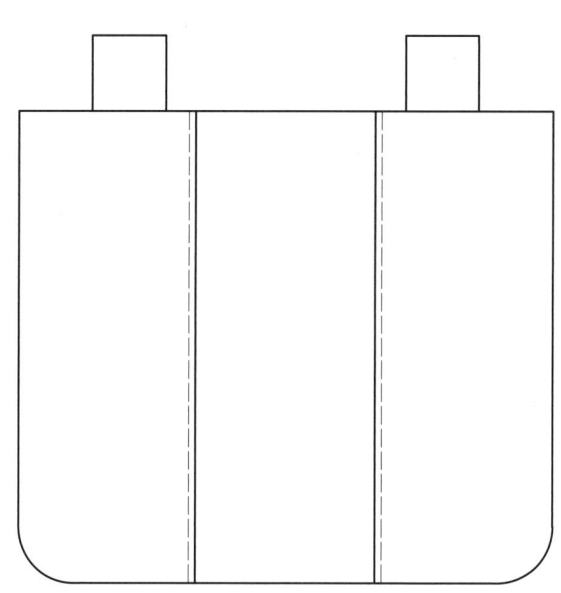

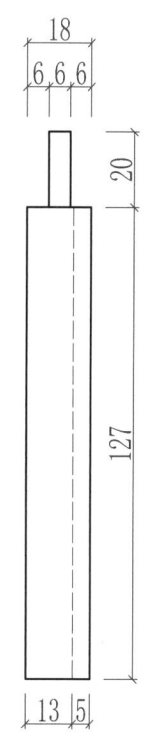

18

6,6,6

20

127

13 5

牙头三视图

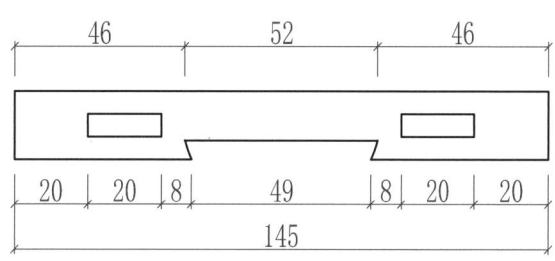

46　　　52　　　46

20 | 20 | 8 | 49 | 8 | 20 | 20

145

榫卯构造

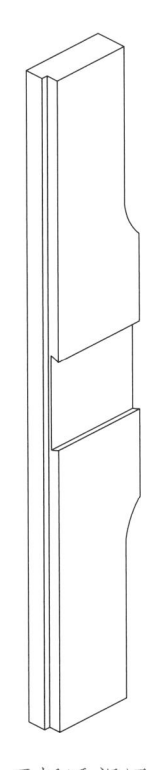

牙板透视图

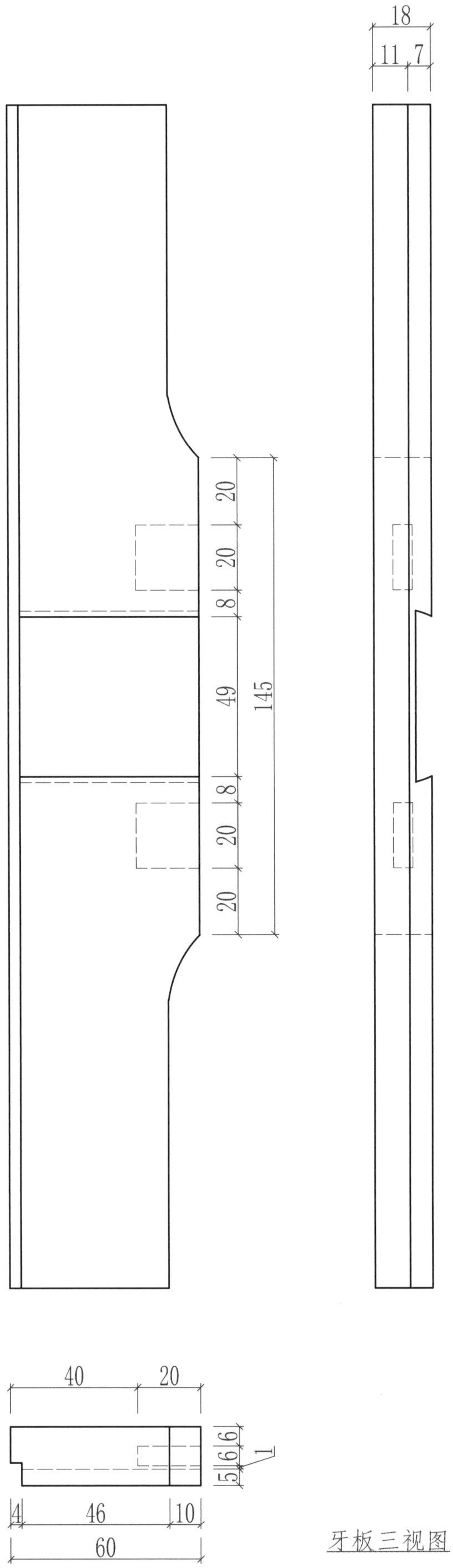

18

11.7

20

20

18

49 | 145

18

20

20

比例：1：2

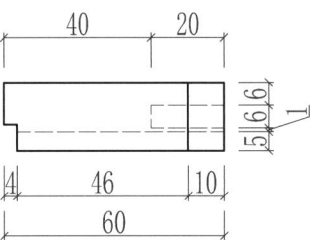

40 | 20

5 | 6 | 6 | 1

4 | 46 | 10

60

牙板三视图

282

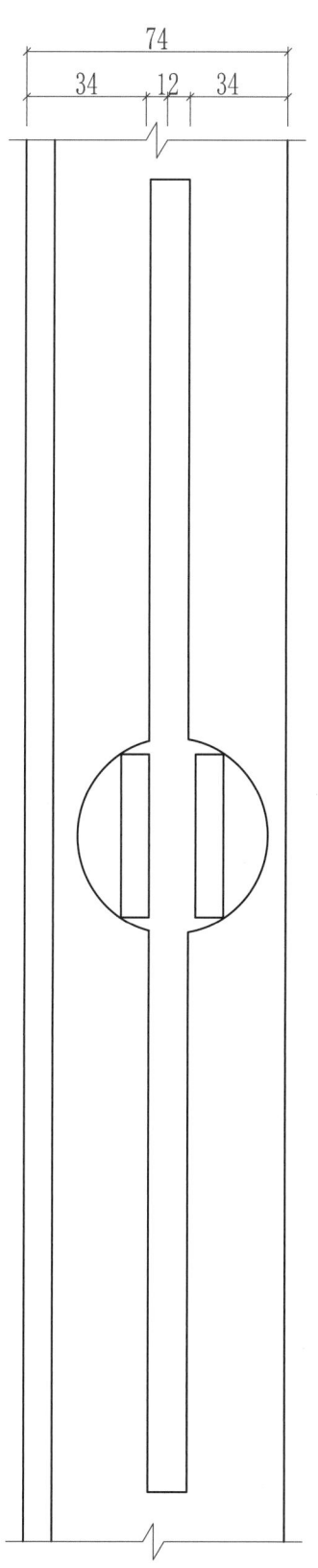

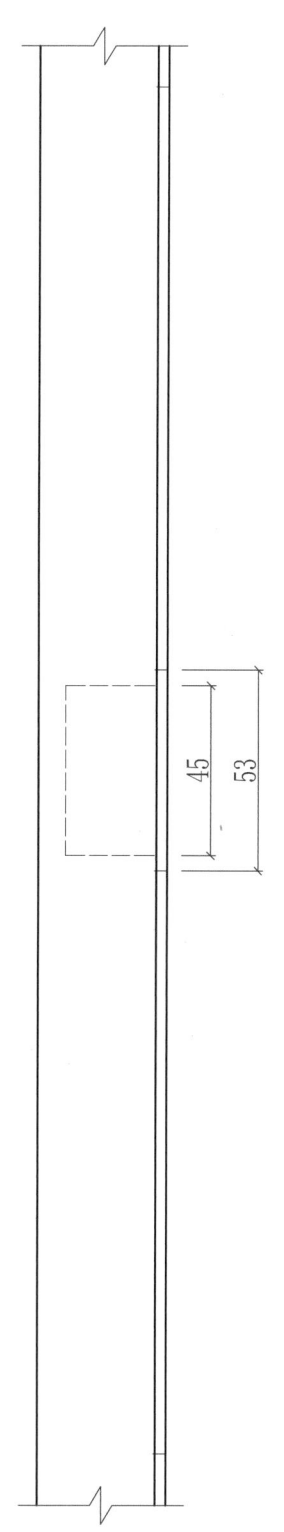

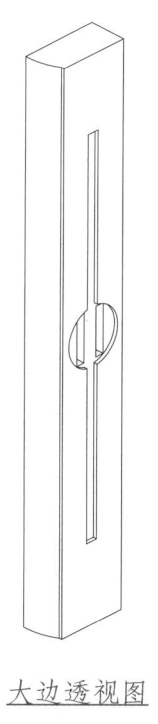

大边透视图

大边三视图

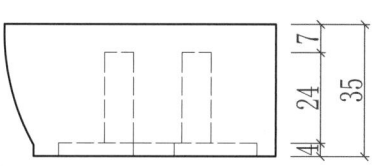

古典技艺

| 正视图 | 左视图 |
| 俯视图 | |

比例: 1 : 2

3）家具实例：明式紫檀平头案

圆腿夹头榫结构

明式紫檀平头案—整体图

图版清单（圆腿夹头
榫结构）：
整体结构示意图
拆分结构示意图
整体透视图
腿子透视图
牙头透视图
牙板透视图
大边透视图
腿子三视图
牙头三视图
牙板三视图
大边三视图
明式紫檀平头案—
整体图
明式紫檀平头案—
细节图

圆腿夹头榫结构

明式紫檀平头案—细节图

16. 方腿夹头榫结构

1) 基本概念

方腿嵌夹牙板和圆腿嵌夹牙板的榫卯结构很相似，也是明式家具中案形结体古朴的固定结构形式之一。牙板的轮廓可以根据设计需要任意改变，但牙板和腿的基本构造是固定的。

2) 应用部位

桌案类的腿足和大边、牙板、牙头接合处。

整体结构示意图

拆分结构示意图

古典技艺

榫卯构造

[榫卯口诀]

明式案类夹头榫，
结构经典任设计。
圆腿夹头多素雅，
方腿夹头多雕刻。

2 牙板

1 腿子

3 接合挡板的榫槽

整体透视图

◆ 制作要点：

从明式家具整体造型看，圆腿夹头榫结构和方腿夹头榫结构用于两种风格的家具：圆腿夹头榫结构以素雅为主旋律，牙板上很少进行雕刻；而方腿夹头榫结构大部分有雕刻，且前后腿间通常有挡板。

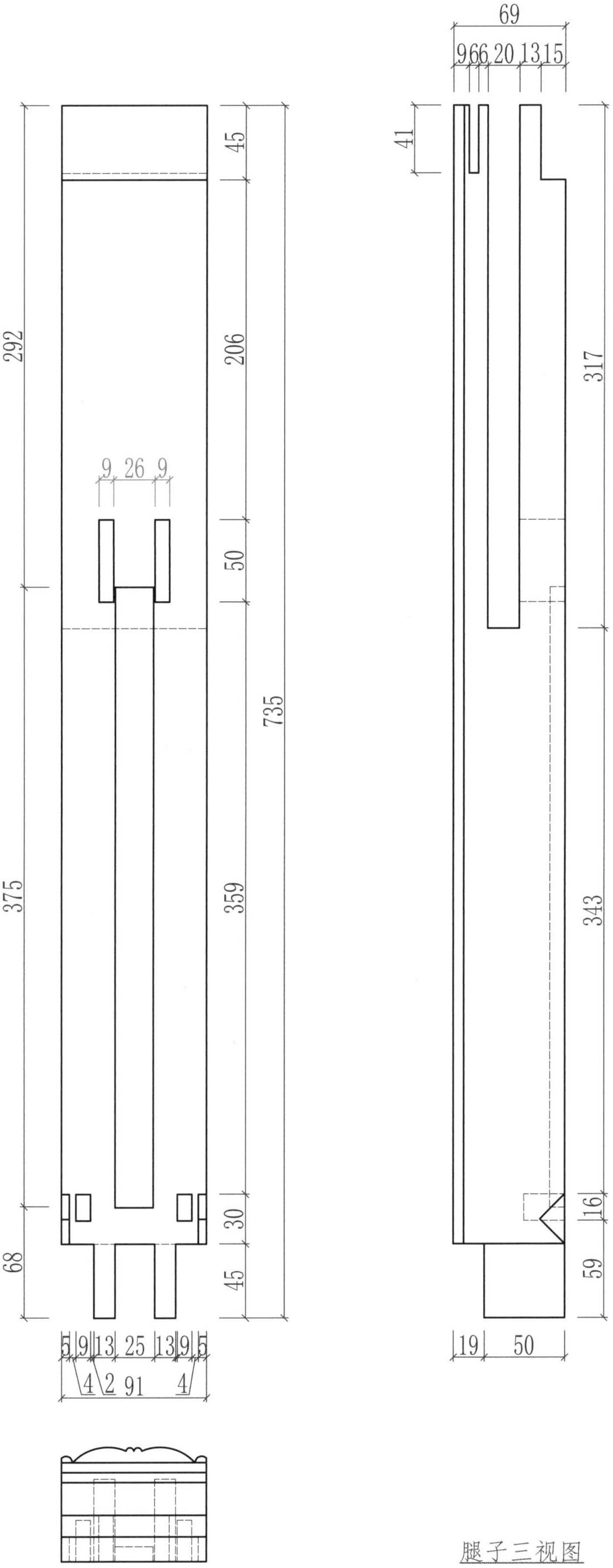

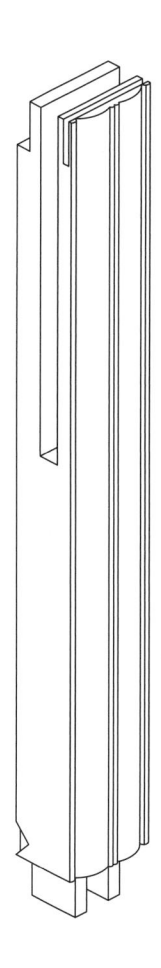

腿子透视图

腿子三视图

比例: 1 : 4

| 正视图 | 左视图 |

| 俯视图 |

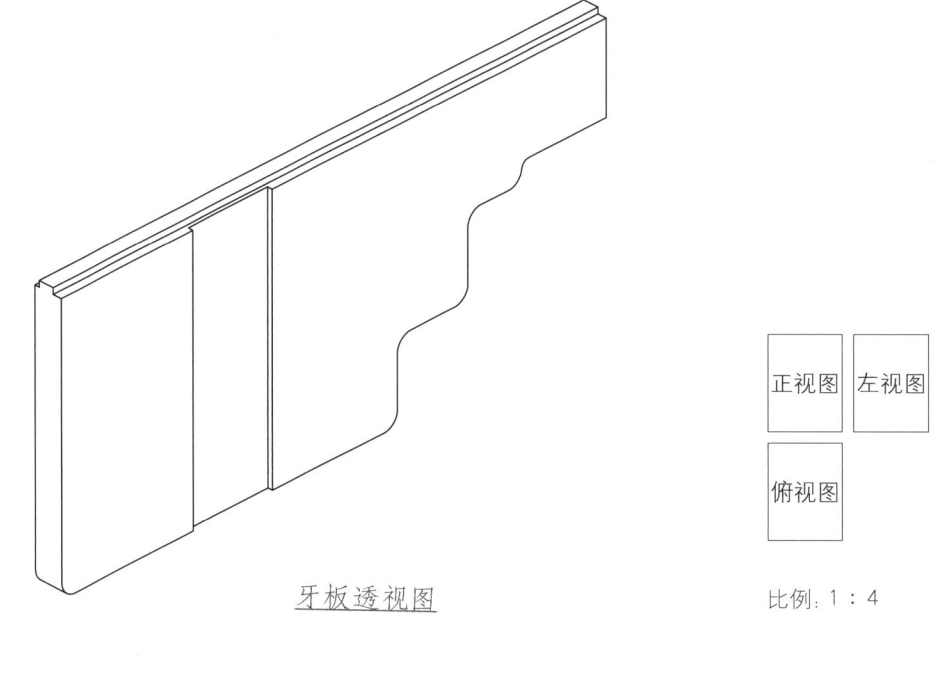

牙板透视图

正视图	左视图
俯视图	

比例：1：4

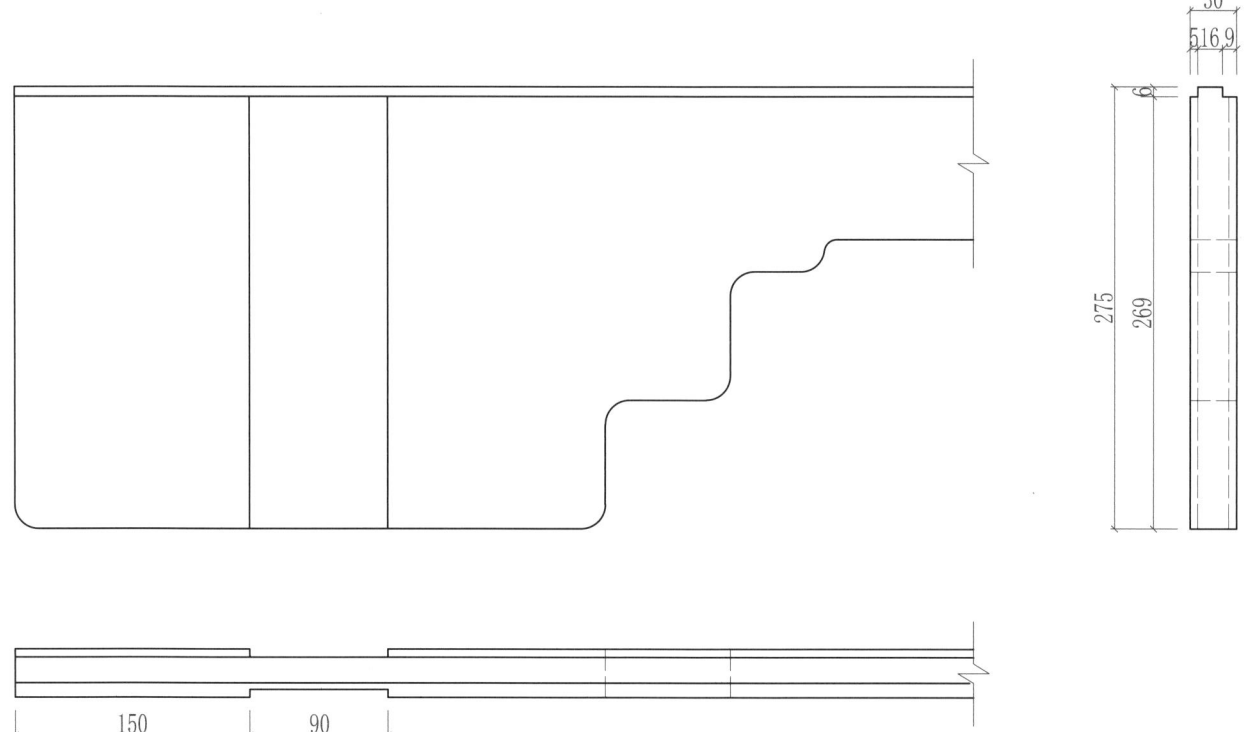

牙板三视图

3) 家具实例：清式紫檀翘头案

———— 方腿夹头榫结构

清式紫檀翘头案—整体图

———— 方腿夹头榫结构

清式紫檀翘头案—细节图

図版清单（方腿夹头
榫结构）：
整体结构示意图
拆分结构示意图
整体透视图
腿子透视图
牙板透视图
腿子三视图
牙板三视图
清式紫檀翘头案—
整体图
清式紫檀翘头案—
细节图

古典技艺

289

17. 插肩榫结构

1) 基本概念

插肩榫结构与夹头榫结构差别不大。夹头榫牙板和牙头裁口的一面朝里，而插肩榫结构的牙板是两面裁口的，并且和腿足格八字肩相交，线条优美，属于明式家具的经典榫卯结构之一。插肩榫接合的牙板和腿子在一个平面上，更利于施加雕刻和线脚装饰。此结构中牙板和牙头为一木连做，也有牙板和牙头分造的。

2) 应用部位

桌案类的腿足和大边、牙板、牙头接合处。

整体结构示意图

拆分结构示意图

[榫卯口诀]

牙板两面有裁口，

腿足格肩八字交。

结构源于夹头榫，

微小格肩防掉肉。

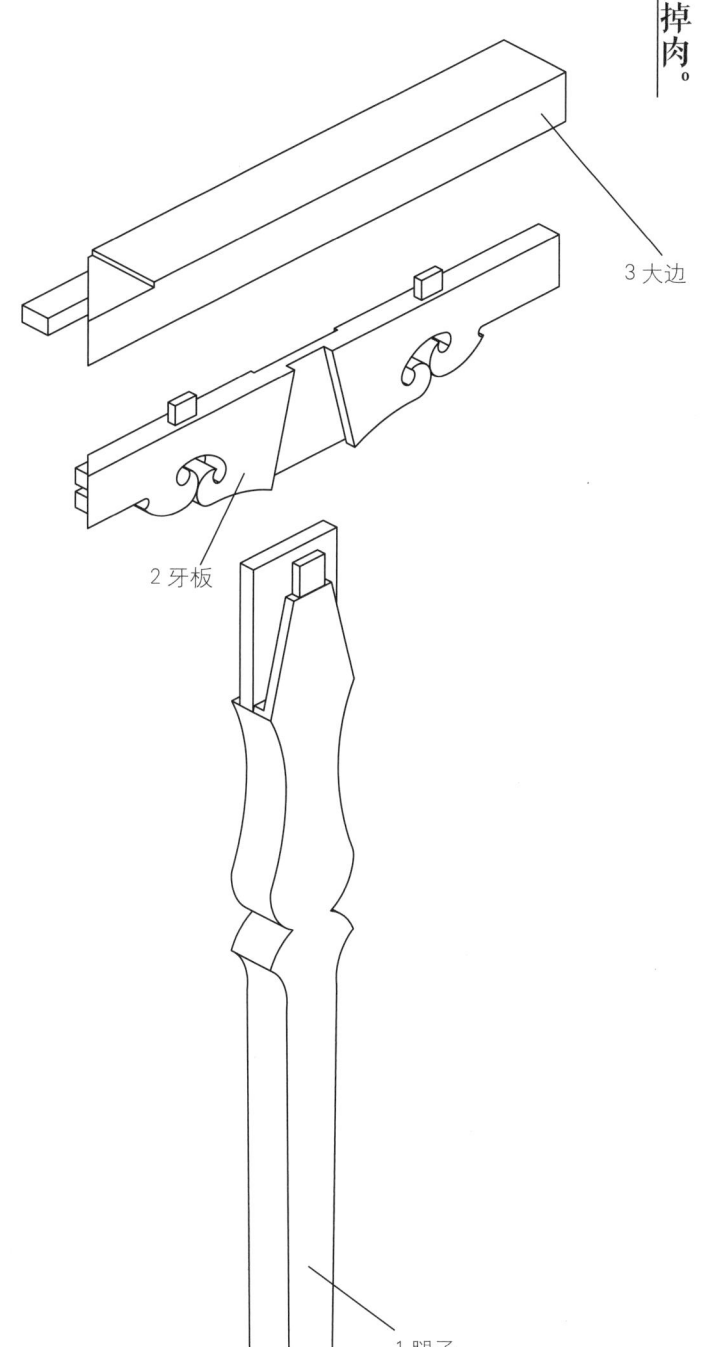

3 大边

2 牙板

1 腿子

整体透视图

◆ 制作要点：

插肩榫是由夹头榫演变而来的，结构与夹头榫基本一致，造法不同是为了方便腿部和牙板出造型。

在制作中要考虑牙板和腿子的八字肩相接处可能由于腿子的干缩而出现缝隙，因此在格肩时有意将肩做成上边虚下边实，也就是上边有点缝下边没有缝；而且牙板要高于腿子肩 1～2 毫米，这样做日后八字肩会接合得更严。

另外，牙板下部舌夹的微小格肩是为了防止角部掉"肉"，如果不是做"活拆"家具，这个微小的格肩可以不要。无论做"活拆"家具还是上胶水的家具，格肩的尖角处都应做虚些，这样"掉肉"现象会减少。

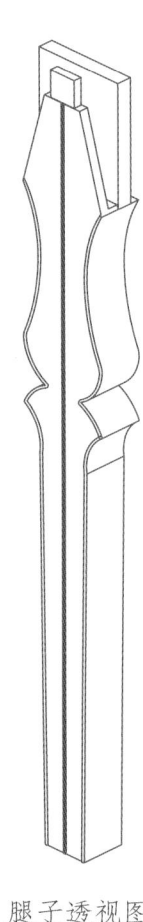

榫
卯
构
造

腿子透视图

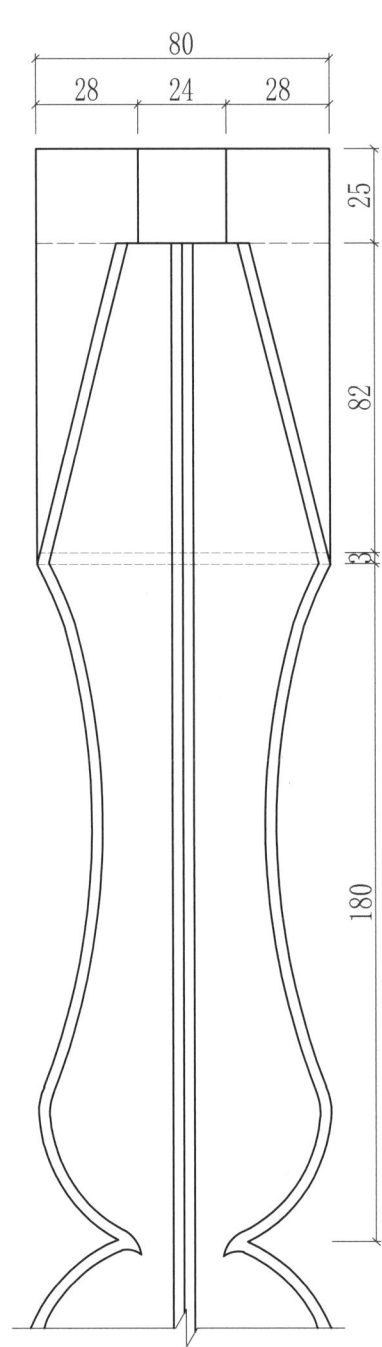

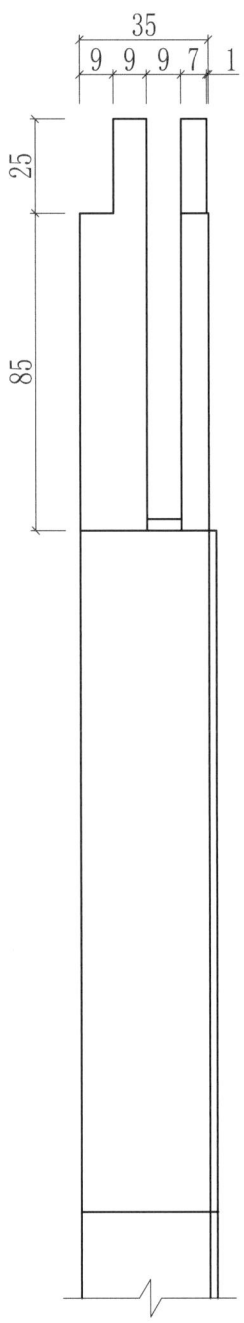

80
28 24 28

25

82

3

180

35
9 9 9 7 1

25

85

正视图 左视图

俯视图

比例：1：2

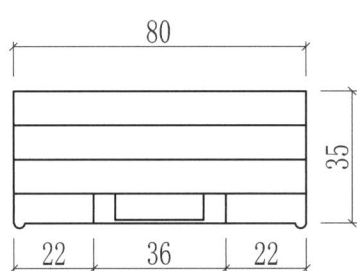

80

35

22 36 22

腿子三视图

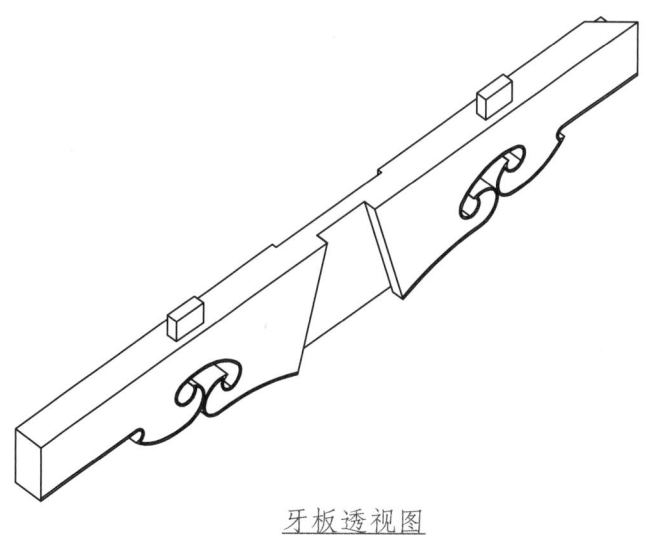

牙板透视图

比例: 1 : 4

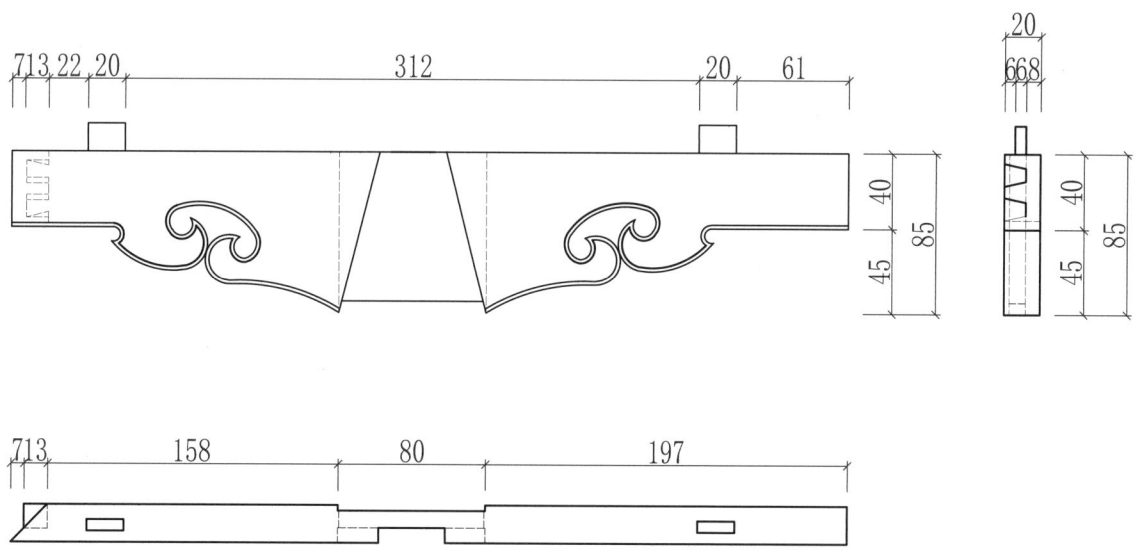

牙板三视图

榫卯构造

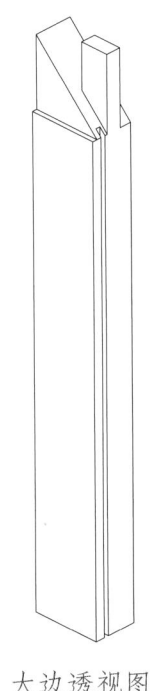

大边透视图

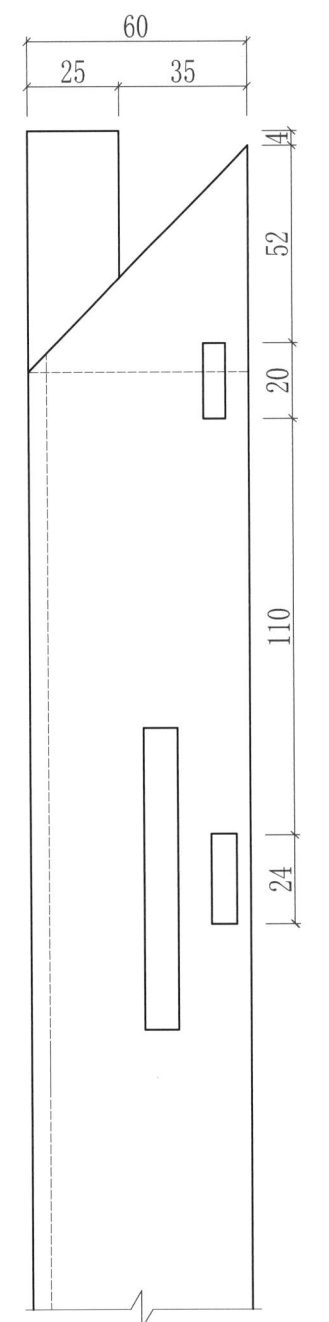

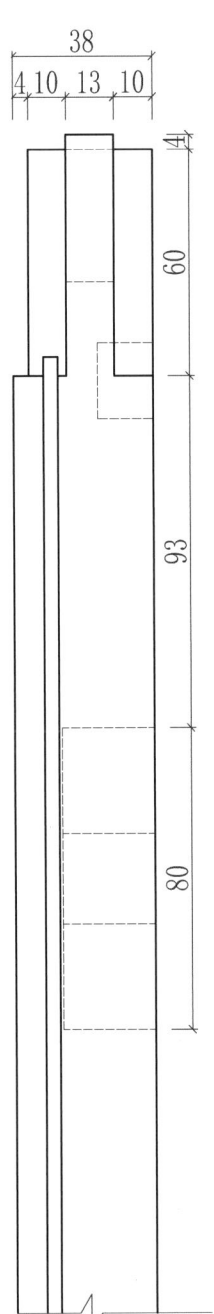

大边三视图

正视图　左视图

俯视图

比例: 1:2

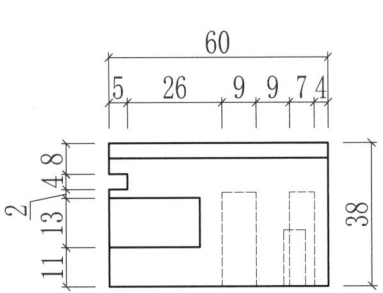

294

3）家具实例：明式黄花梨平头案

插肩榫结构

明式黄花梨平头案—整体图

插肩榫结构

明式黄花梨平头案—细节图

图版清单（插肩榫结构）：
整体结构示意图
拆分结构示意图
整体透视图
腿子透视图
牙板透视图
大边透视图
腿子三视图
牙板三视图
大边三视图
明式黄花梨平头案—整体图
明式黄花梨平头案—细节图

18. 粽角榫之一

1) 基本概念

粽角榫因外形像粽子角而得名，又叫三碰肩。粽角榫是三根方料格角相交于一处的一种榫卯结构，从任何一个角度都看不到料的横截面，在古典家具制作中应用广泛。三根方料截面大小不同，粽角榫内部的榫卯形式也不同。

2) 应用部位

四面平式家具框架接合处，如柜架类的四角、桌子的边抹与腿子结合处、榻的边抹与腿足结合处等部位。

整体结构示意图

拆分结构示意图

[榫卯口诀]

结构边框有弧度，
格肩一定要小心。
方正平直要求高，
肩缝不密不美观。

◆ 制作要点：

制作粽角榫结构对木工的技术水平要求较高，不同于两根料丁字相交和三根料丁字相交，粽角榫的榫头榫眼一定要做得极为精细，尽量做到方正平直、严丝合缝，否则三碰肩的三条格肩缝接合不密，会影响看面的美观度。

在做此粽角榫结构时，如果三根方料的表面带有弧度，格肩时一定要把边框倒圆的厚度考虑进去，否则三根料格肩的缝接合不严密。

还应特别注意的是：料上的打槽一定不要伤着相邻的榫头，如果打槽伤到榫头，虽然家具组装后外表看不出来，但削弱了家具的牢固程度。

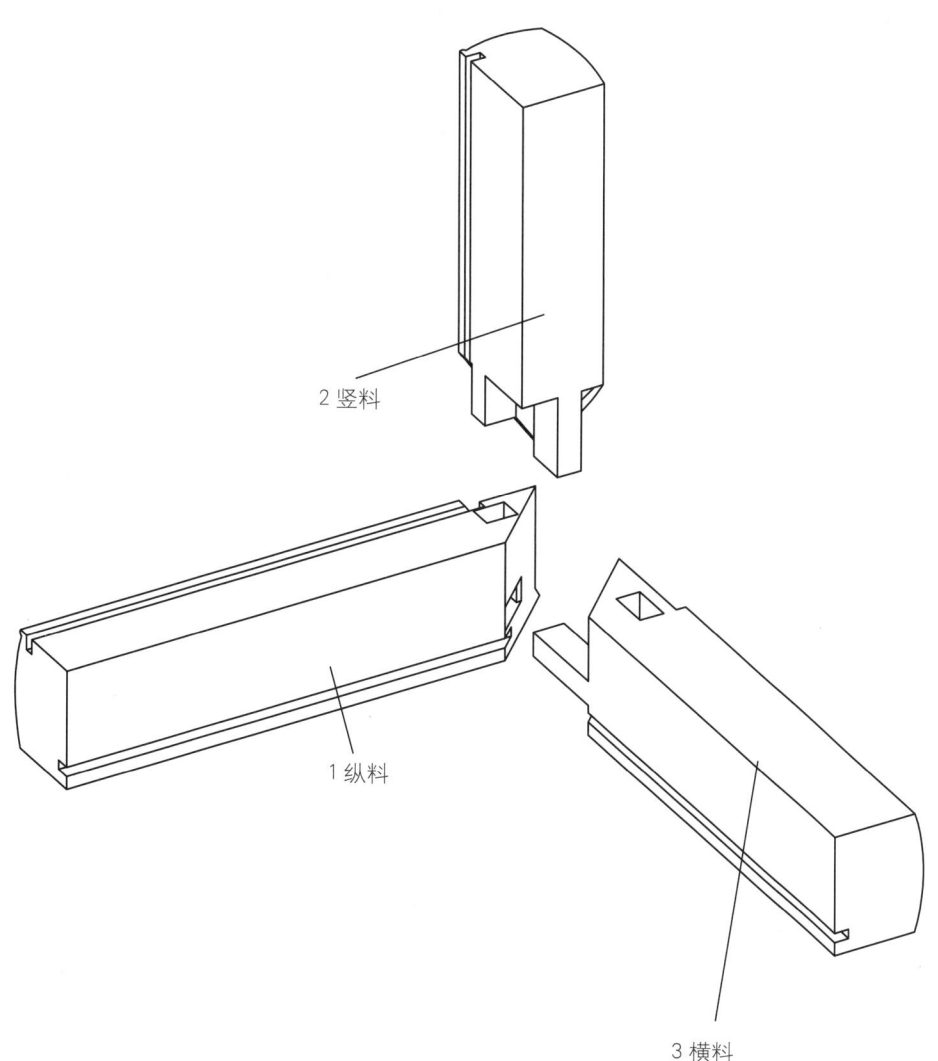

2 竖料

1 纵料

3 横料

整体透视图

榫卯构造

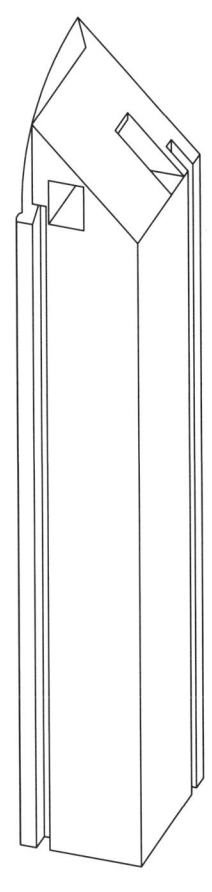

纵料透视图

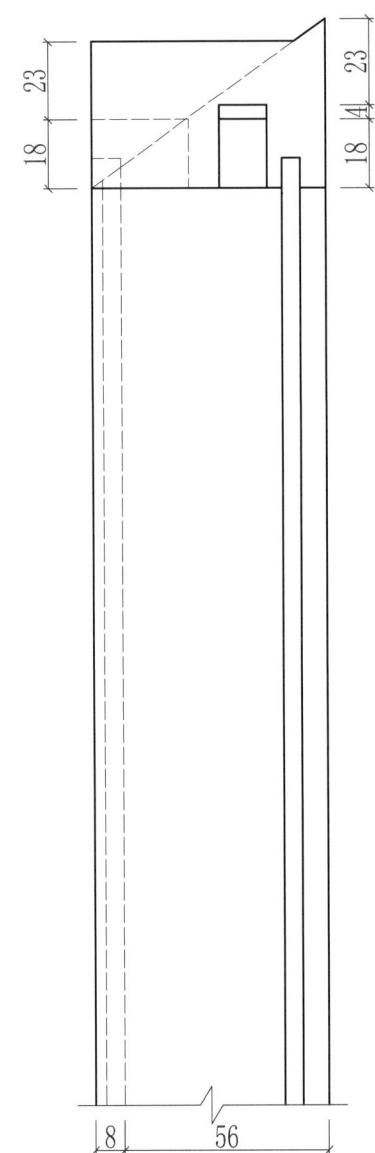

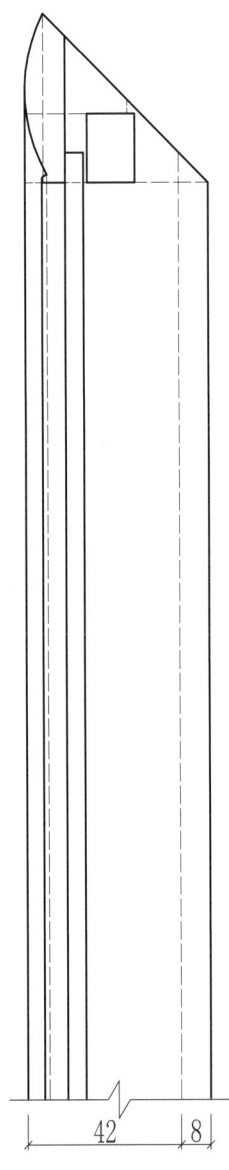

纵料三视图

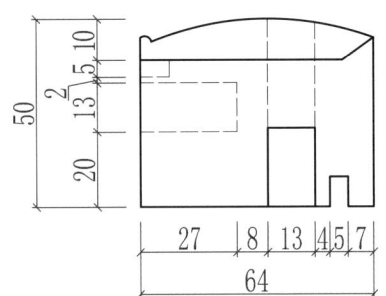

正视图	左视图
俯视图	

比例：1：2

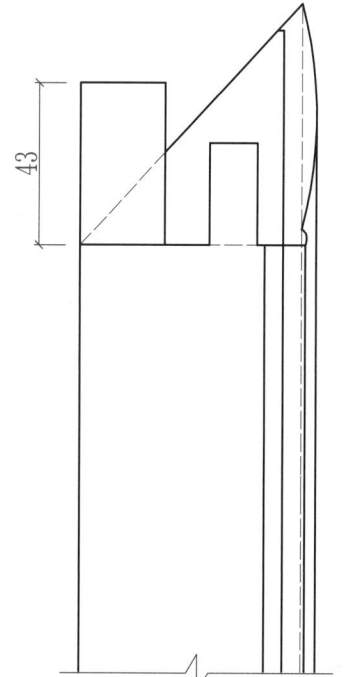
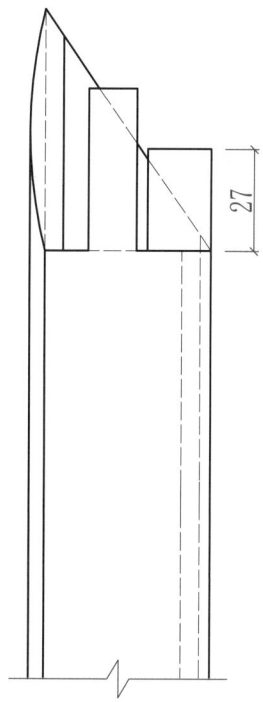
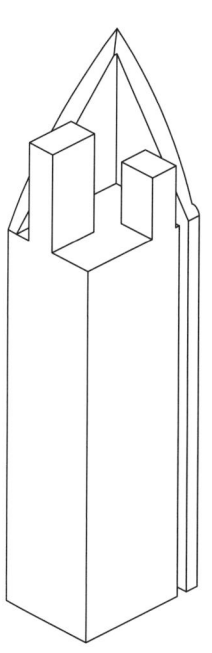

竖料透视图

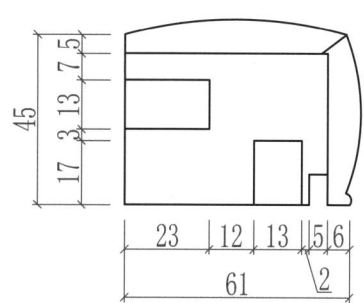

23 | 12 | 13 | 5 | 6

61

2

竖料三视图

正视图　左视图

俯视图

比例: 1 : 2

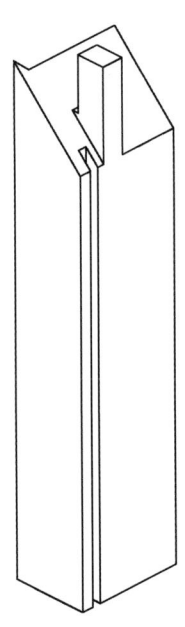

横料透视图

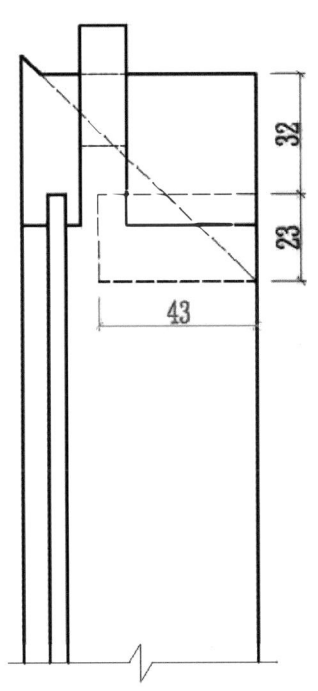

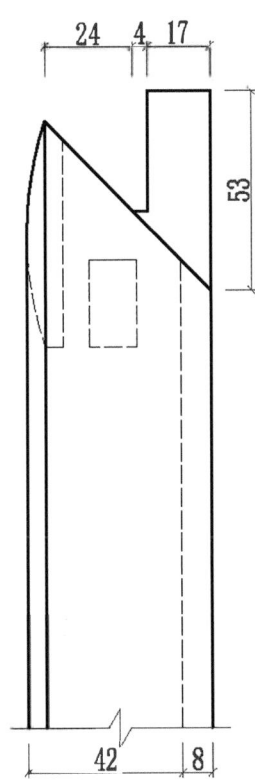

横料三视图

| 正视图 | 左视图 |
| 俯视图 | |

比例：1：2

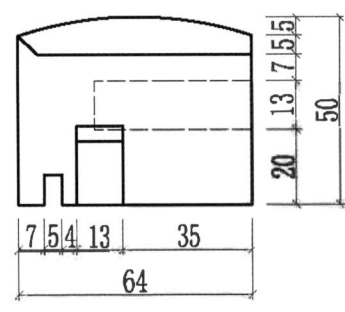

3) 家具实例：现代中式酸枝木写字台

棕角榫之一

现代中式酸枝木写字台—整体图

棕角榫之一

现代中式酸枝木写字台—细节图

19. 棕角榫之二

1）基本概念

有时家具横竖料上需要起通体的造型线，那么在一个平面上的料就要等宽，以便线条交圈，打洼线条棕角榫就是这种情况。两面的装饰线宽窄不一样，棕角榫内部结构就和上一款棕角榫有所不同。

2）应用部位

四面平式家具框架接合处，如柜架类的四角、桌子的边抹与腿子结合处、榻的边抹与腿足结合处等部位。

整体结构示意图

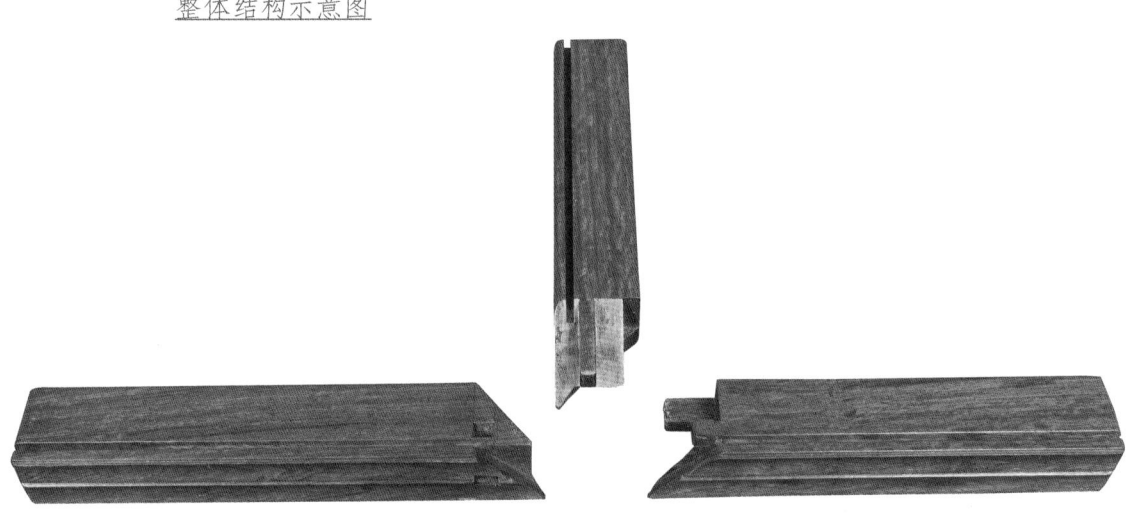

拆分结构示意图

【榫卯口诀】

横料要比纵料高，
两料厚度各不同。
竖料格肩不等长，
格外注意这一点。

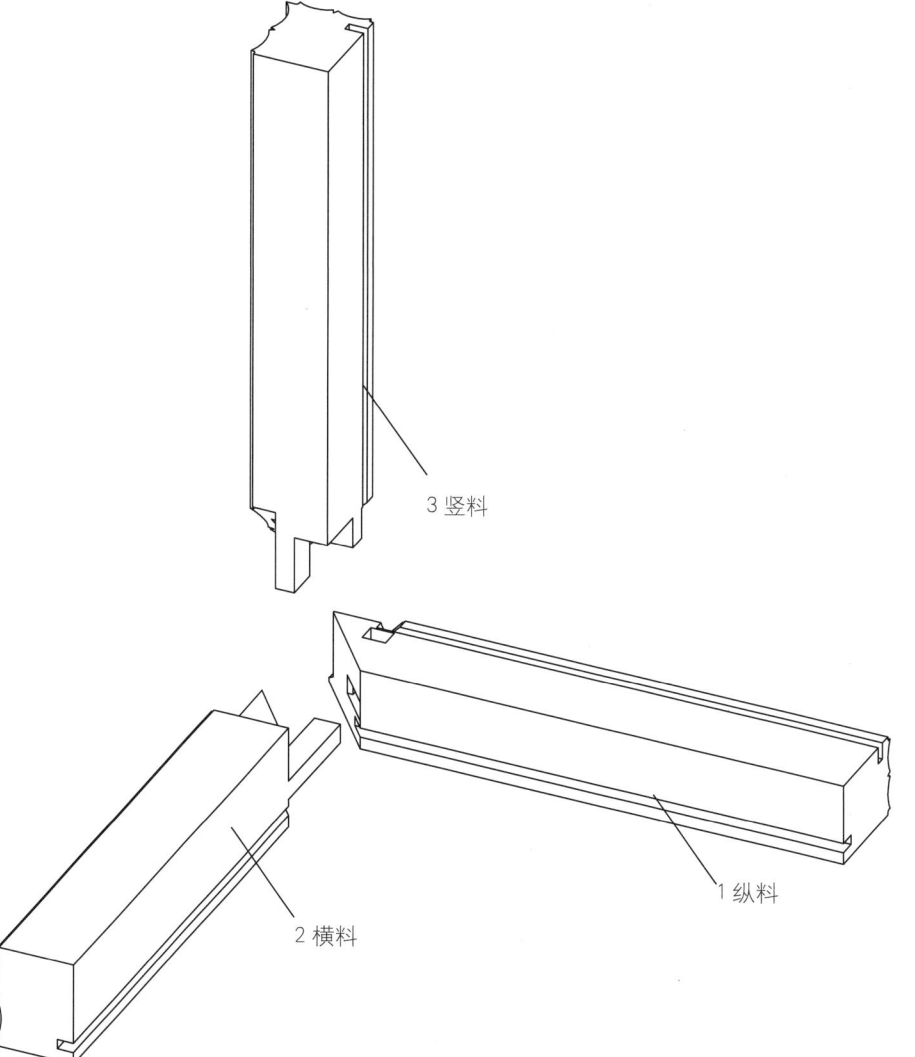

3 竖料

1 纵料

2 横料

整体透视图

◆ 制作要点：

此结构和上一个结构大致一样，略有不同的是，在本结构中横料比纵料要高一些，也就是说两根料厚度不同。那么竖料的两条格肩斜线的长度就不一样，这一点要格外注意。

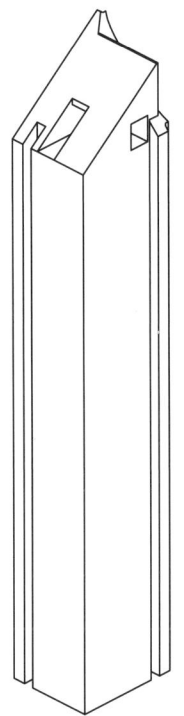

纵料透视图

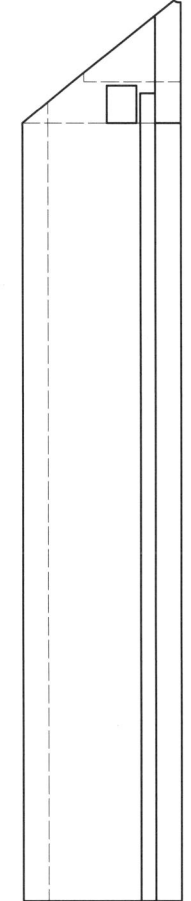

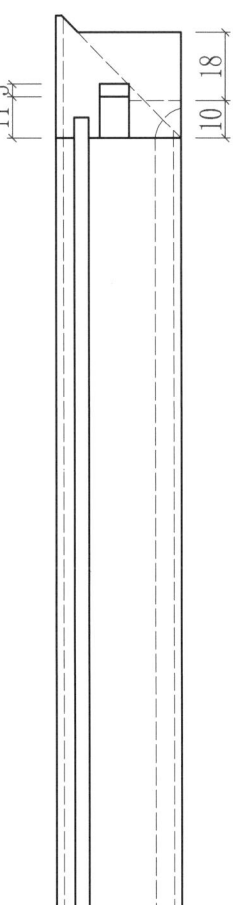

| 正视图 | 左视图 |
| 俯视图 |

比例：1：2

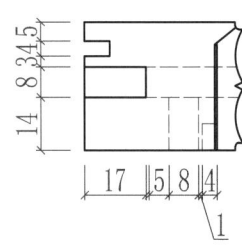

纵料三视图

6 8 3 11

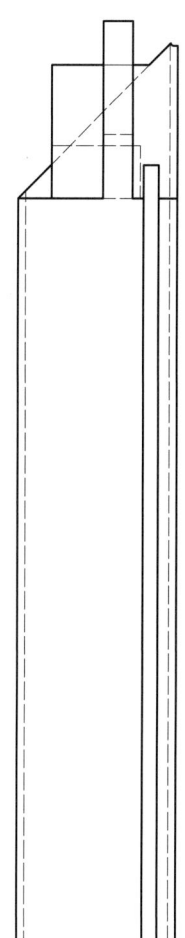

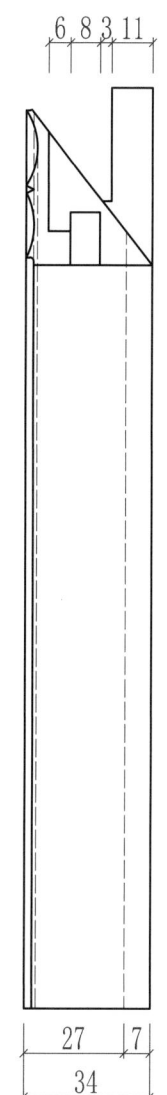

27 7

34

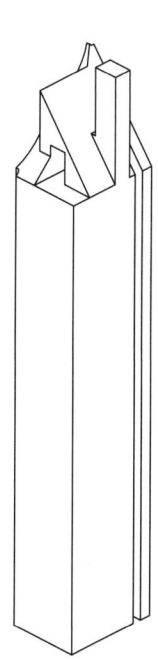

横料透视图

33 10

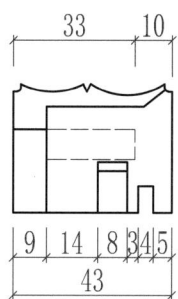

9 14 8 34 5

43

横料三视图

正视图	左视图
俯视图	

比例: 1 : 2

榫卯构造

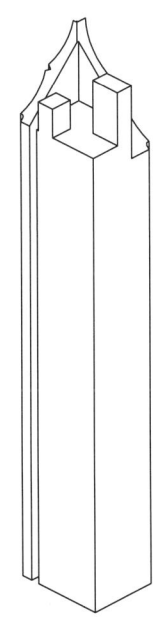

竖料透视图

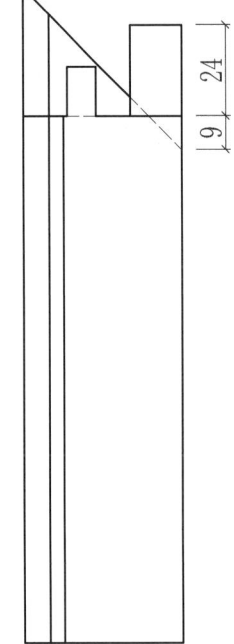

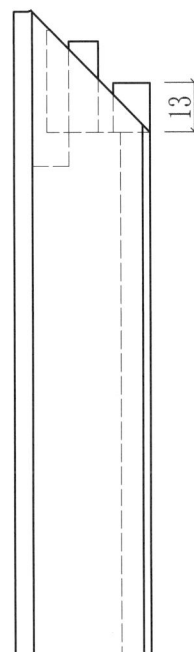

| 正视图 | 左视图 |
| 俯视图 | |

比例：1：2

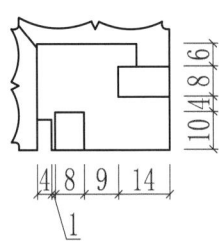

竖料三视图

3) 家具实例：清式紫檀龙纹亮格柜

粽角榫之二

<u>清式紫檀龙纹亮格柜—整体图</u>

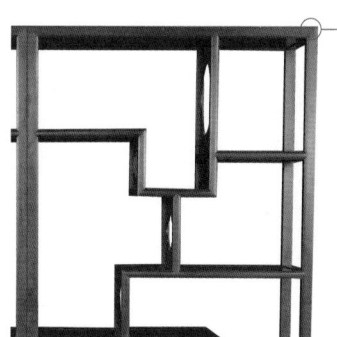

粽角榫之二

<u>清式紫檀龙纹亮格柜—细节图</u>

图版清单（粽角榫之二）：
整体结构示意图
拆分结构示意图
整体透视图
纵料透视图
横料透视图
竖料透视图
纵料三视图
横料三视图
竖料三视图
清式紫檀龙纹亮格柜—
整体图
清式紫檀龙纹亮格柜—
细节图

20. 粽角榫之三

1）基本概念

有时为了满足家具设计的需要，三根料的看面厚度差距会很大，此时，粽角榫的内部结构也发生了很大的变化。此结构就适合三根厚度差距较大材料的接合。

2）应用部位

四面平式家具框架接合处，如柜架类的四角、桌子的边抹与腿子结合处、榻的边抹与腿足结合处等部位。

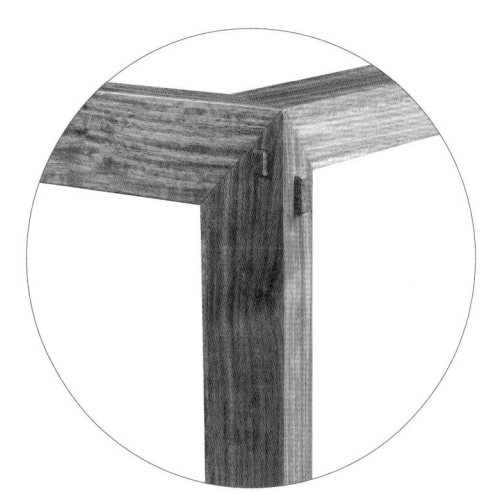

整体结构示意图

拆分结构示意图

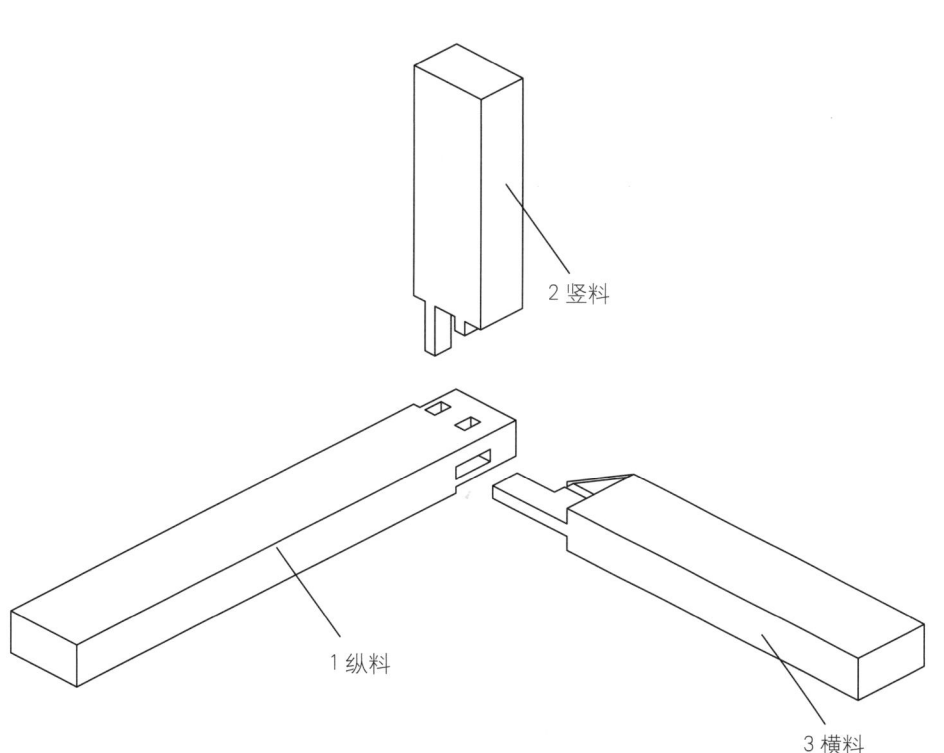

2 竖料

1 纵料

3 横料

整体透视图

◆ 制作要点：

粽角榫有很多形状，只要三个外露面看不到横茬，结点牢固，看到的是三条格肩相交的线，都叫粽角榫。此结构的做法是根据【方材角接合之三(格角攒边,闷榫)】的制作方法演变而来的。

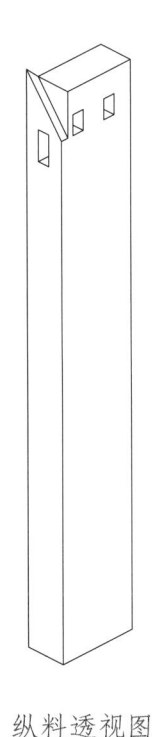

榫卯构造

纵料透视图

正视图	左视图
俯视图	

比例：1：2

30　24

20　13

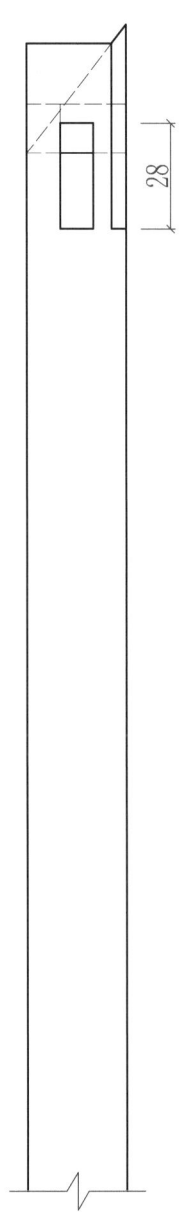

28

54

13　8　16　8　4.5

5　4　9　9

27

纵料三视图

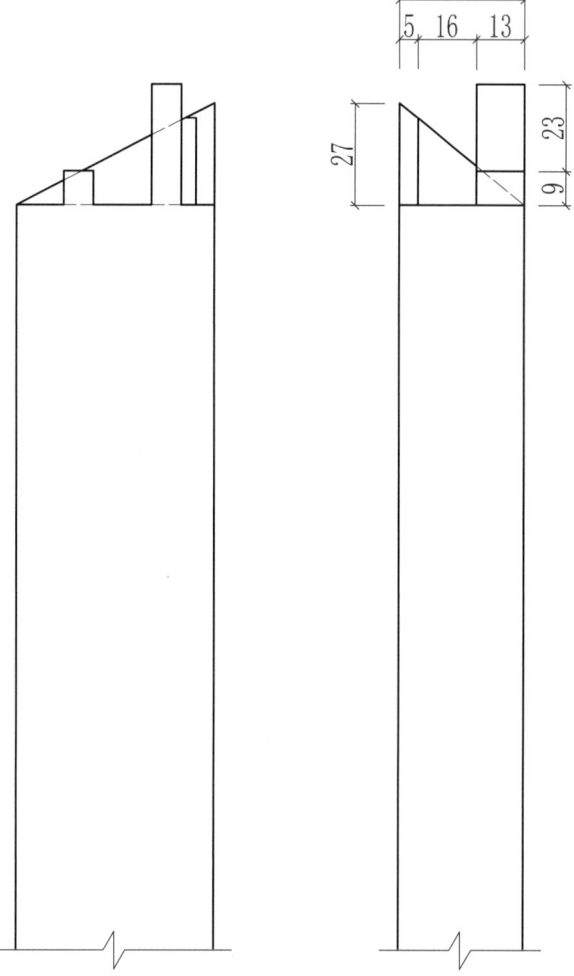

34
5 16 13
27 23
9

竖料透视图

13 8 16 8 4 5
54

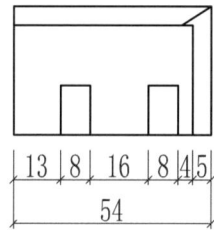

竖料三视图

正视图 左视图

俯视图

比例: 1 : 2

311

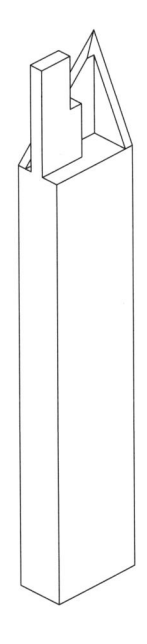

横料透视图

54

20 8 21 5

30

30

54

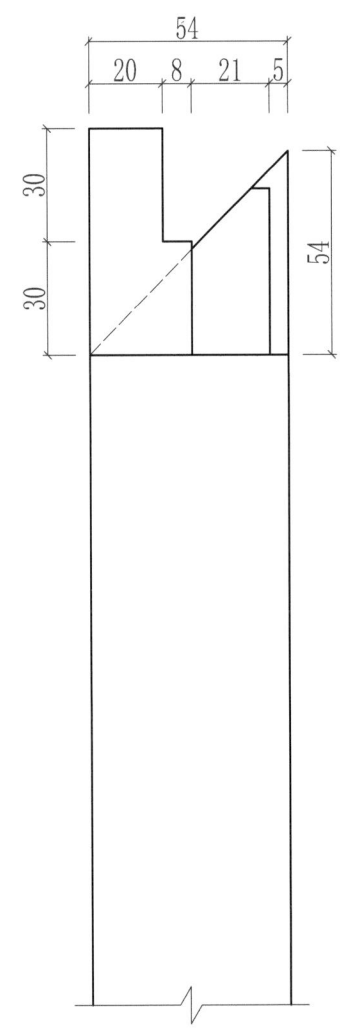

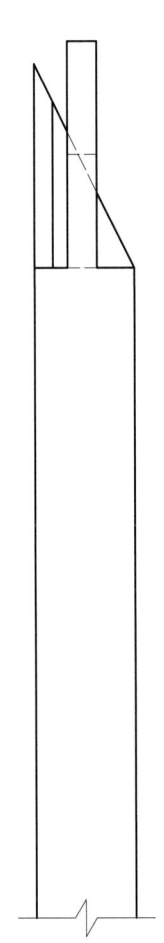

正视图	左视图
俯视图	

比例: 1 : 2

27

10 8 4.5

横料三视图

3) 家具实例：清式花梨木福禄纹酒柜

粽角榫之三

清式花梨木福禄纹酒柜—整体图

粽角榫之三

清式花梨木福禄纹酒柜—细节图

21. 霸王枨接合

1）基本概念

霸王枨是古典家具上连接桌（座）面和腿足常用的榫卯结构，一根三弯形枨子形似一臂擎物，力大无穷，因此得名"霸王枨"，又叫勾挂榫结构。霸王枨一端带有燕尾榫插入腿中，另一端开槽口和桌（座）面的穿带咬合，用木销锁紧。霸王枨对腿足的稳固起一定的作用，对传导桌面的重量作用不大。它的主要作用是取代了桌子两腿之间的拉枨，既增加了桌面下的空间，又增添了线条美感。

2）应用部位

桌、椅、凳的桌（座）面和腿足之间。

整体结构示意图

拆分结构示意图

[榫卯口诀]

霸王枨接用木销，

增加空间又美观。

腿和桌面穿带上，

斜茬越少越牢固。

5 穿带

4 圆销

1 霸王枨

3 榫垫

2 腿子

整体透视图

◆ 制作要点：

霸王枨榫头的制作并不难。应注意如下两点：一是把握好霸王枨榫头、榫槽的位置和形状，先确定霸王枨与腿和桌面穿带接合的位置，再把形状样板制好。等把霸王枨的榫卯都做好后，试装霸王枨样板，霸王枨和榫槽自然吻合，没有翘曲的现象，那么霸王枨的形状合格。二是选料要仔细，确保木料的木纹和霸王枨形状相符，斜茬越少越好，这样霸王枨不容易折断。

有时霸王枨一端的燕尾榫的三个面都做出斜度，这样会更牢固，但这样做燕尾榫下的榫垫必须要增大，会有点不美观。

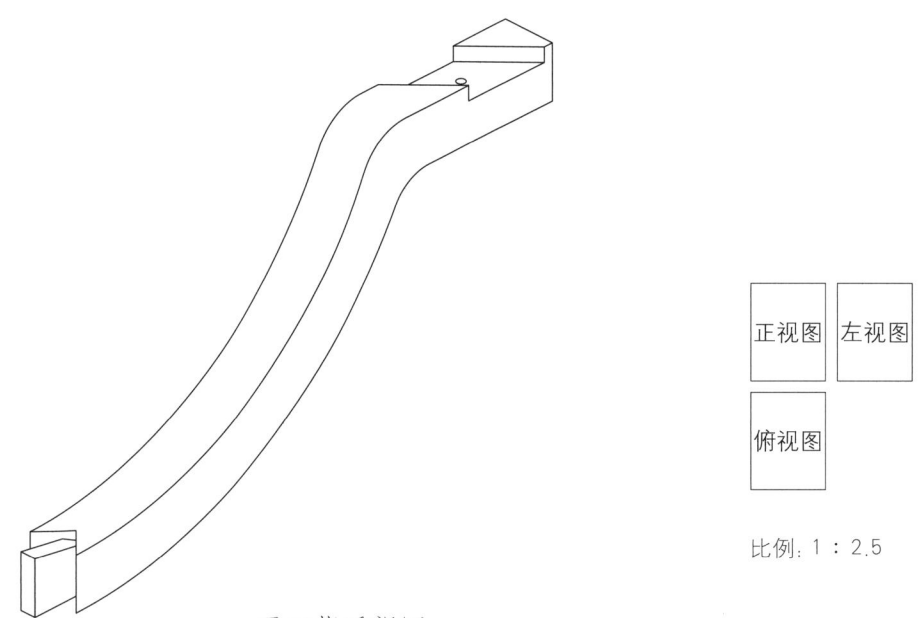

正视图 左视图

俯视图

比例: 1 : 2.5

霸王枨透视图

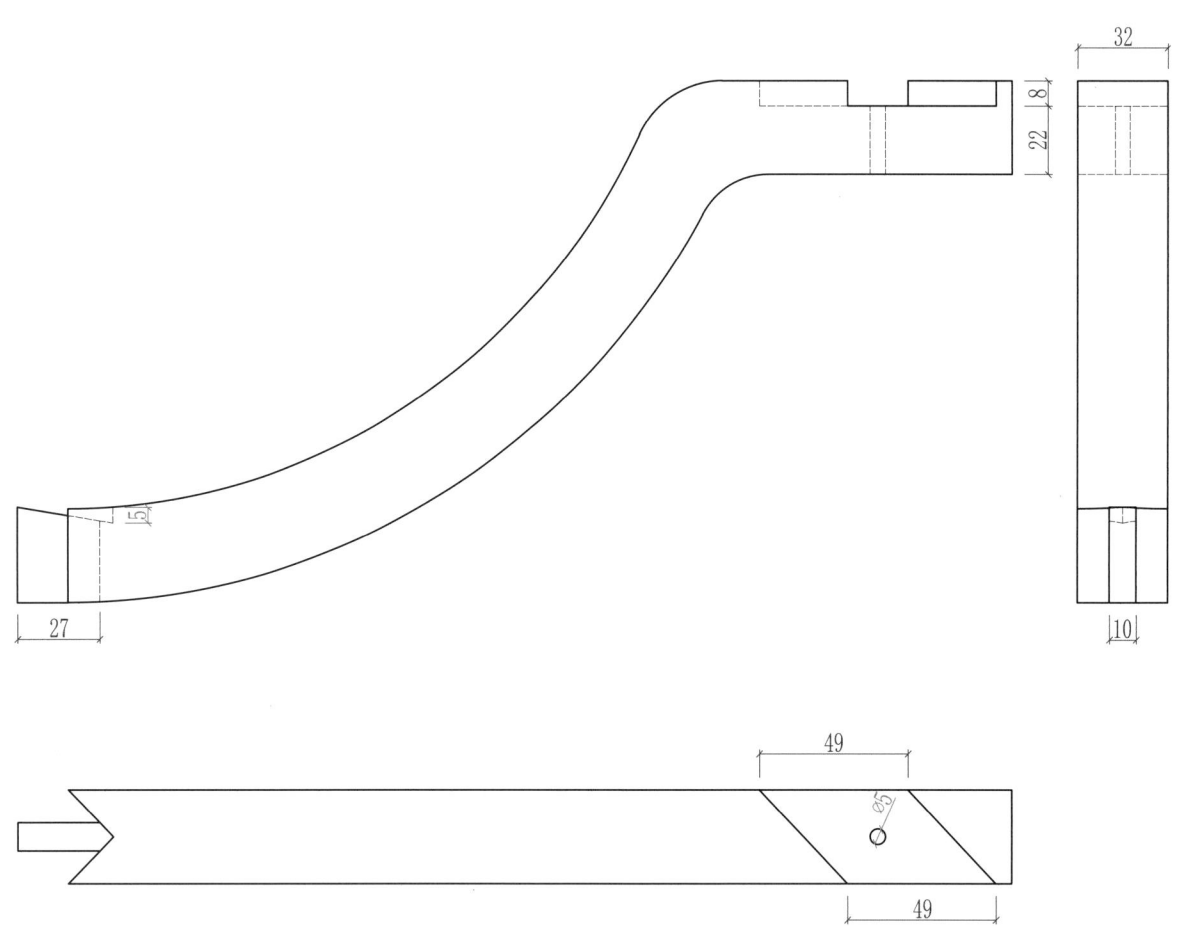

霸王枨三视图

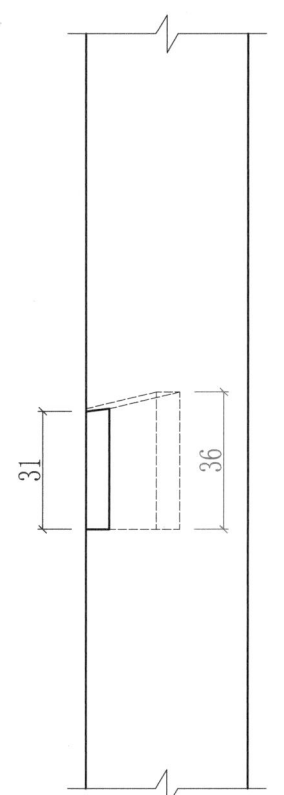

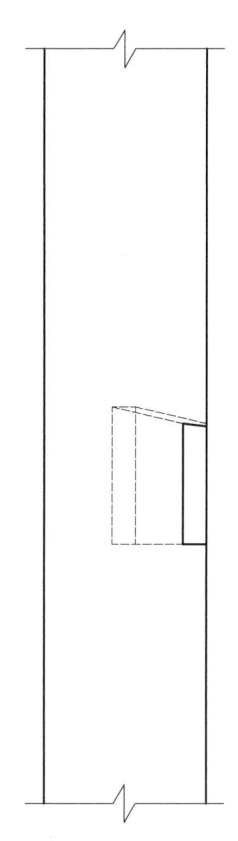

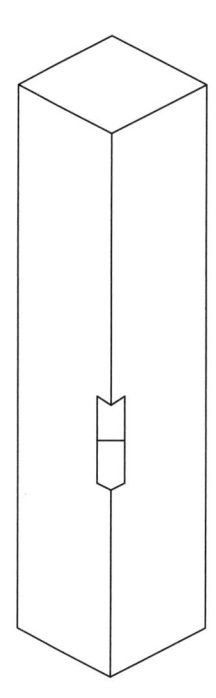

腿子透视图

31

36

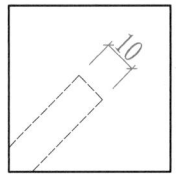

10

腿子三视图

正视图　左视图

俯视图

比例：1：2

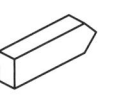

榫垫透视图

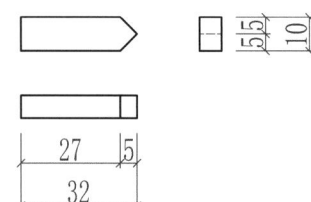

榫垫三视图

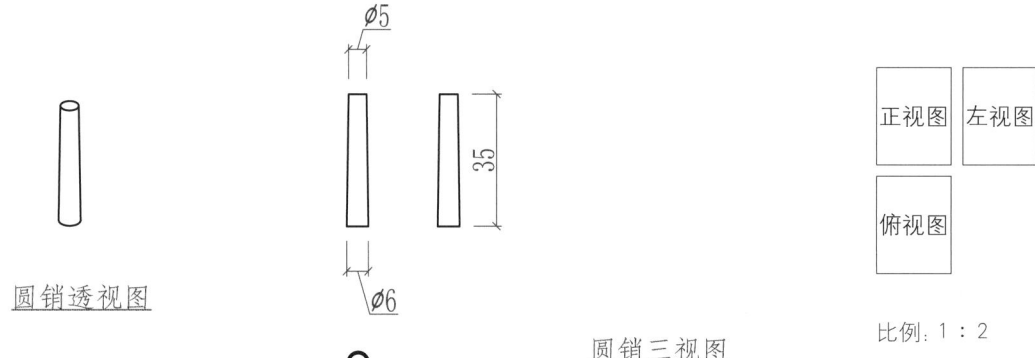

圆销透视图

圆销三视图

正视图　左视图

俯视图

比例: 1 : 2

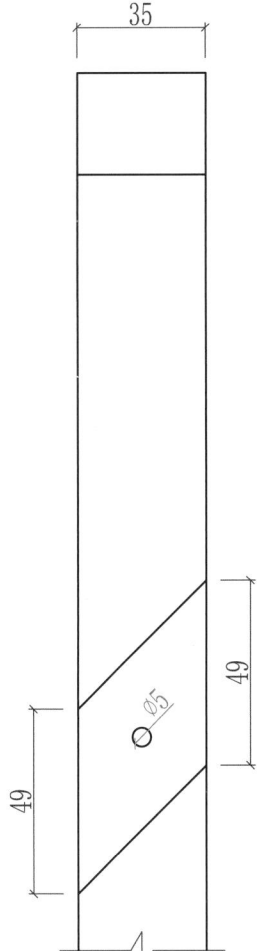

35

49

Ø5

49

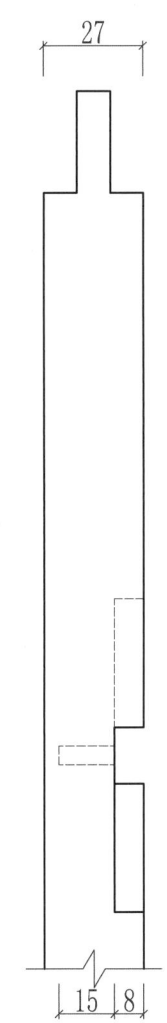

27

15 8

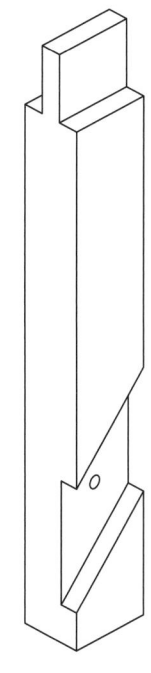

穿带透视图

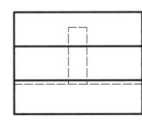

穿带三视图

| 正视图 | 左视图 |
| 俯视图 | |

比例: 1 : 2

3) 家具实例：明式花梨木画桌

霸王枨接合

明式花梨木画桌—整体图

图版清单（霸王枨接合）：
整体结构示意图
拆分结构示意图
整体透视图
霸王枨透视图
腿子透视图
榫垫透视图
圆销透视图
穿带透视图
霸王枨三视图
腿子三视图
榫垫三视图
圆销三视图
穿带三视图
明式花梨木画桌—整体图
明式花梨木画桌—细节图

霸王枨接合

明式花梨木画桌—细节图

22. 椅子腿和座面的接合之一

1）基本概念

此结构是有束腰带托泥圈椅上下节腿与座面边框接合的一种结构，腿子以椅子座面为界分为上节和下节，上下节腿接头藏在座面边框内，组装后让人有通腿（一木连做）的感觉。

2）应用部位

有束腰圈椅、太师椅等椅类上下节腿和座面边框相交处。

整体结构示意图

拆分结构示意图

榫卯构造

【榫卯口诀】

腿子分为两节做，
力学角度不太好。
座面边榫易松动，
组装结构需上胶。

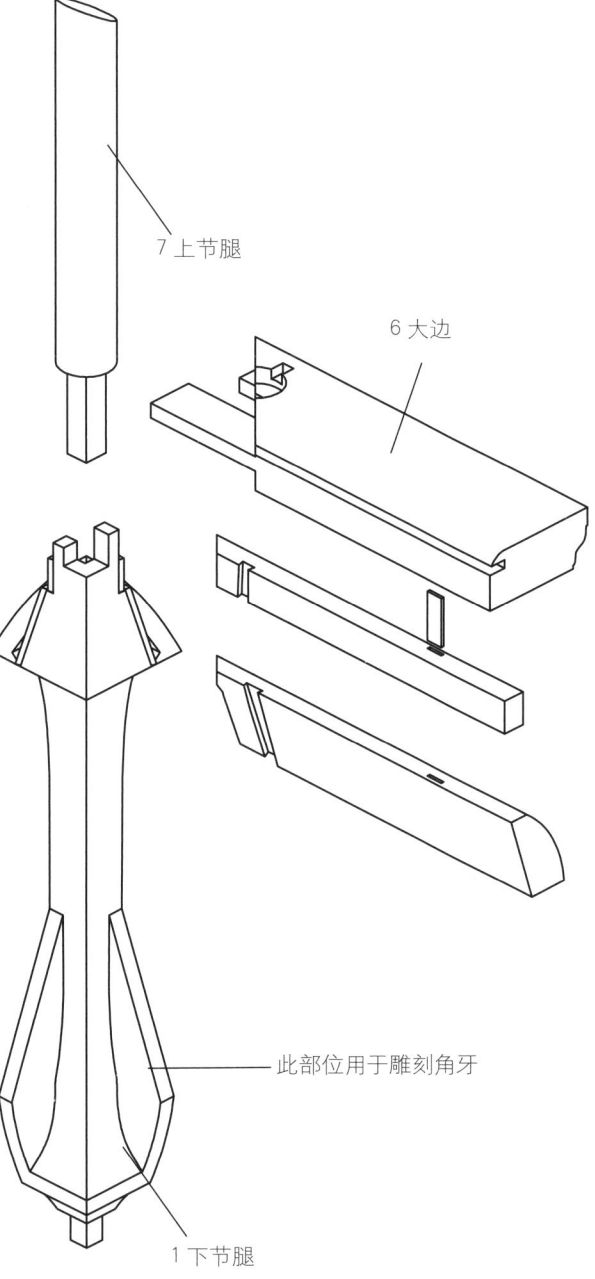

◆ 制作要点：

此结构比较复杂。从力学角度看这个结构不太好，力的传递容易中断，但是省料。在使用过程中，椅子的上节腿会起到类似杠杆的作用，撬动座面边。一旦座面边榫卯松动，椅子的上部就会散架，所以此结构既要把榫卯做严紧，也要在组装时上胶水。因此，此结构不能做"活拆"家具。

还有，此结构中束腰的做法也可以不用栽榫接合，而采用裁口打槽拼板接合。

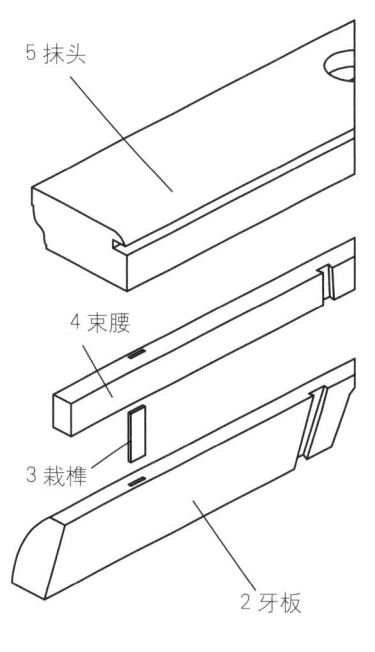

7 上节腿

6 大边

5 抹头

4 束腰

3 栽榫

2 牙板

此部位用于雕刻角牙

1 下节腿

整体透视图

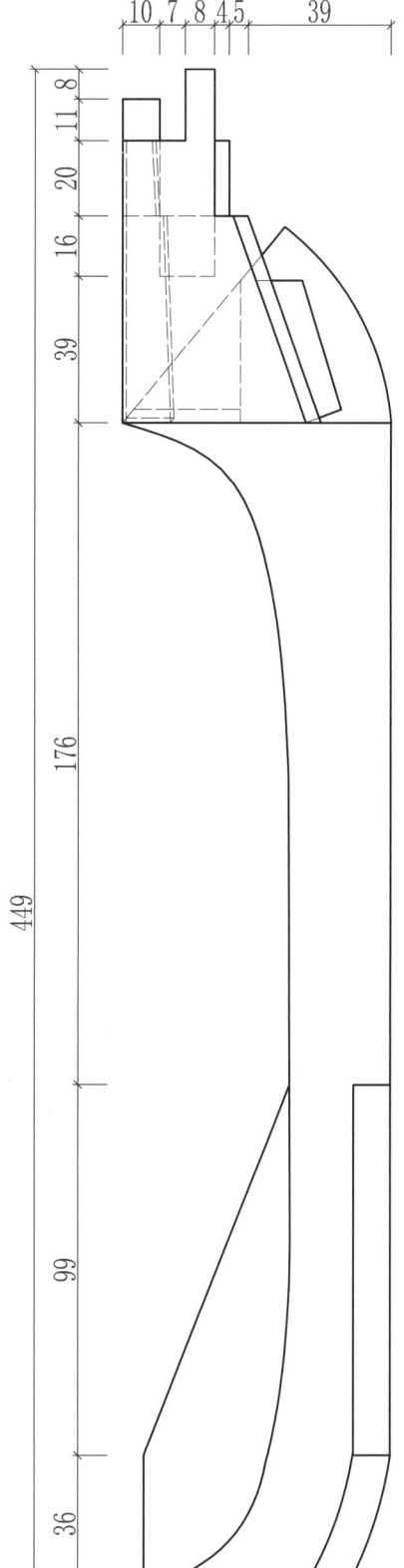

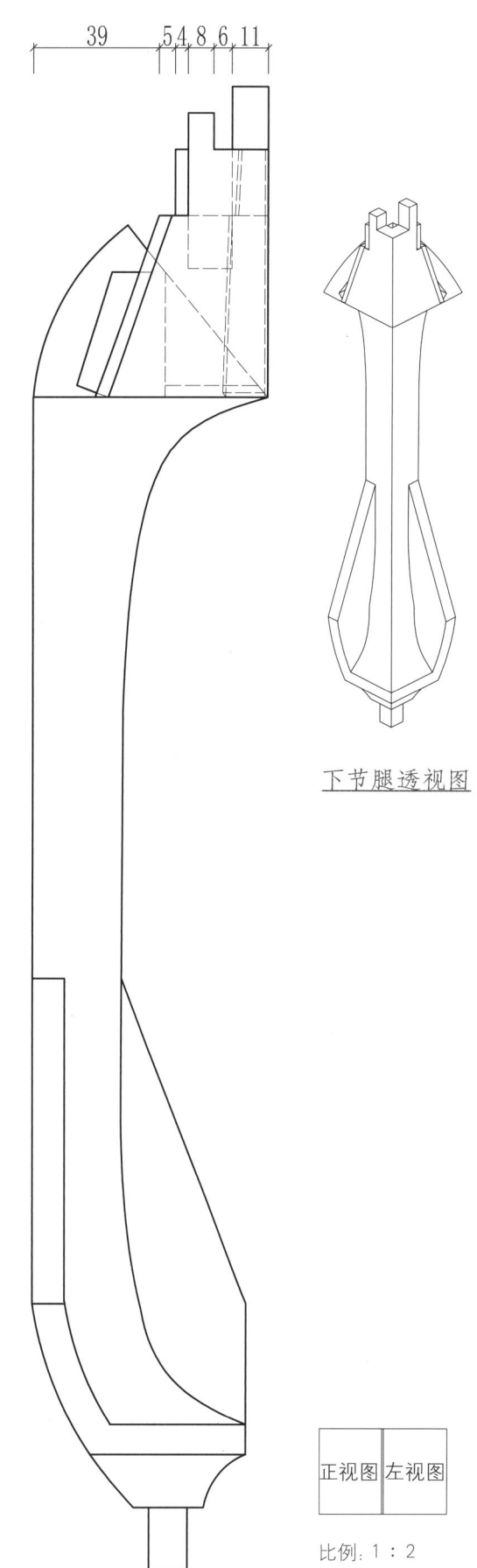

下节腿透视图

下节腿三视图

正视图 左视图

比例：1：2

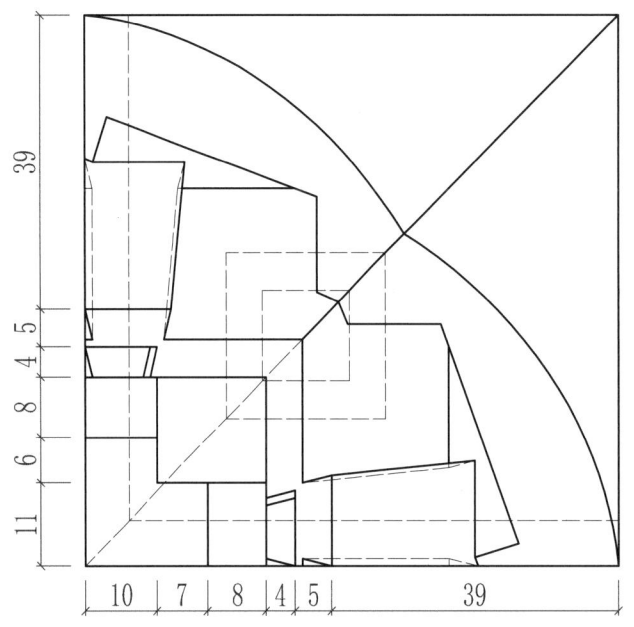

俯视图

大样图比例: 1：1

下节腿俯视图—大样图

牙板透视图

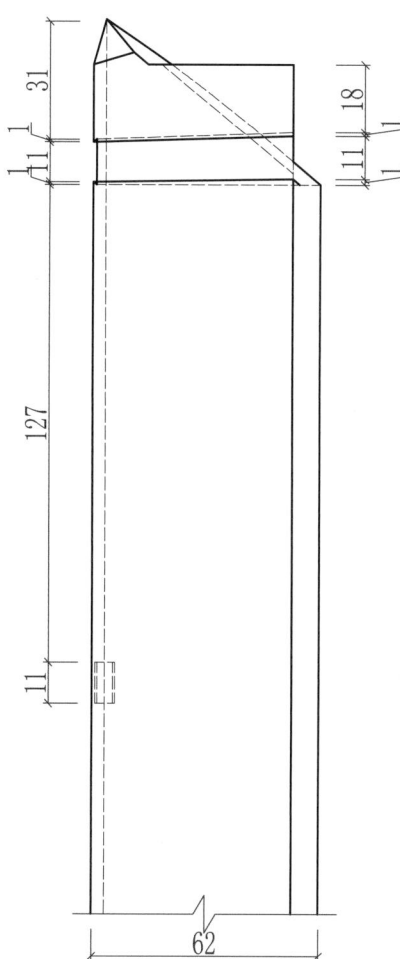

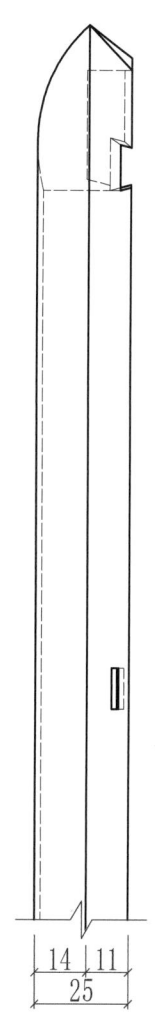

牙板三视图

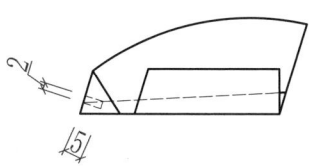

正视图　左视图

俯视图

比例：1：2

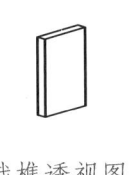

栽榫透视图

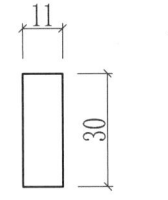

栽榫三视图

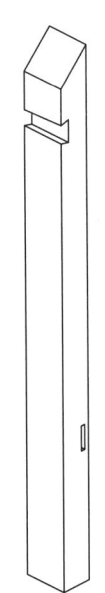

束腰透视图

正视图　左视图

俯视图

比例: 1 : 2

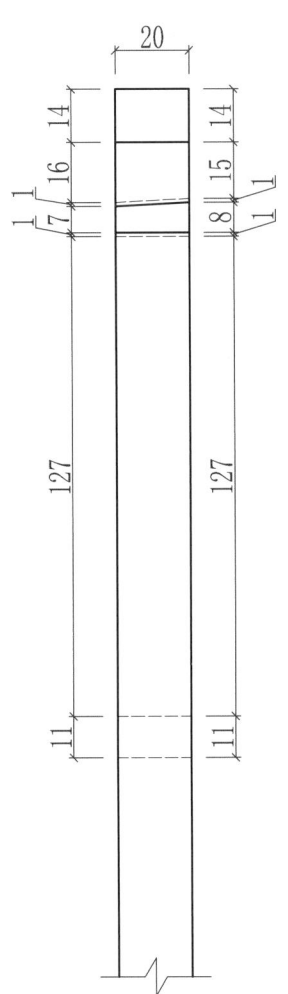

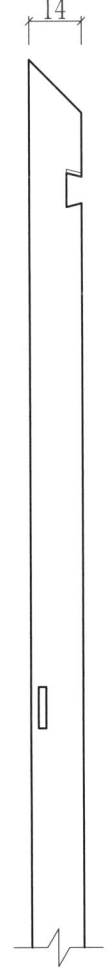

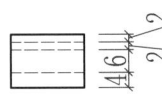

束腰三视图

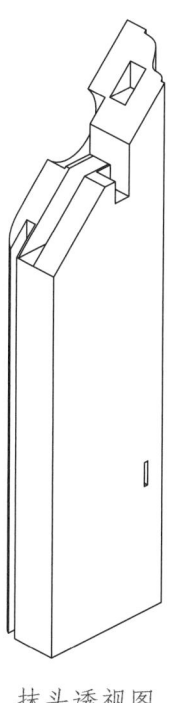

抹头透视图

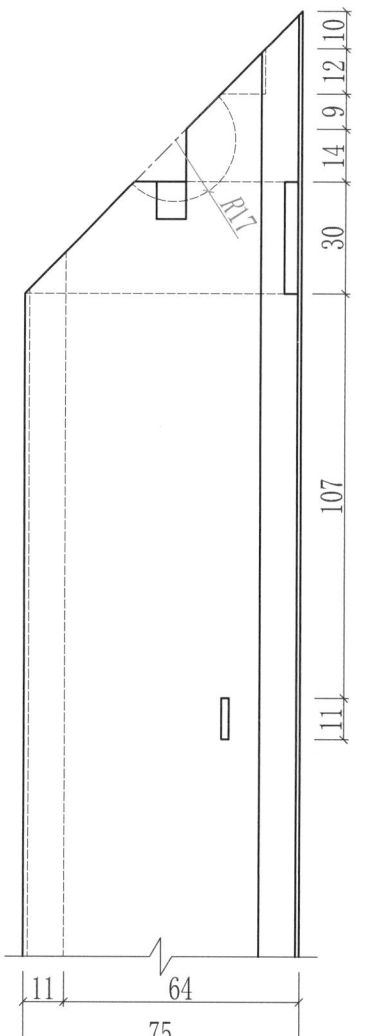

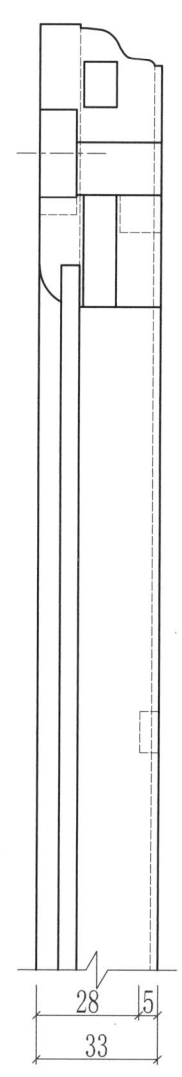

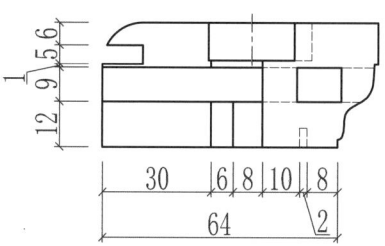

抹头三视图

| 正视图 | 左视图 |

| 俯视图 |

比例：1：2

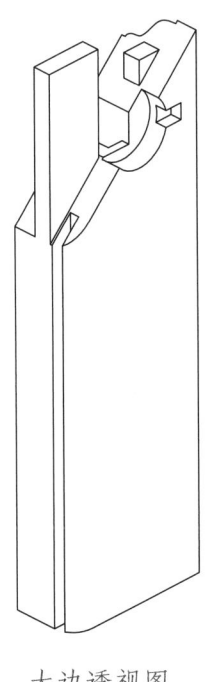

大边透视图

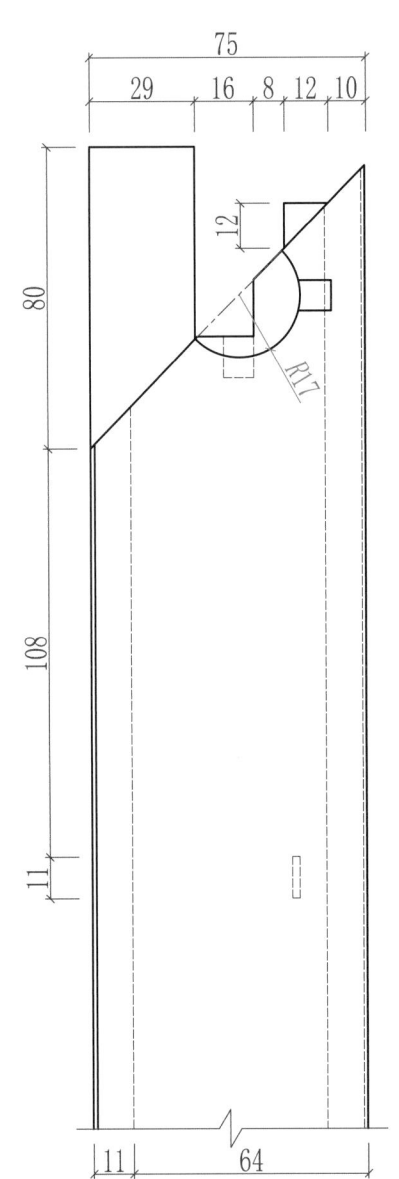

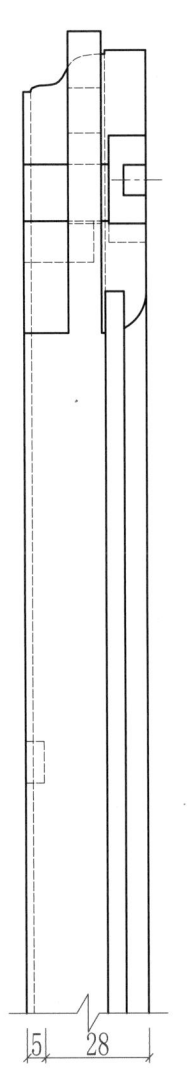

大边三视图

正视图　左视图

俯视图

比例：1：2

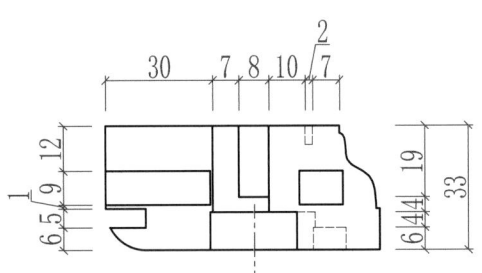

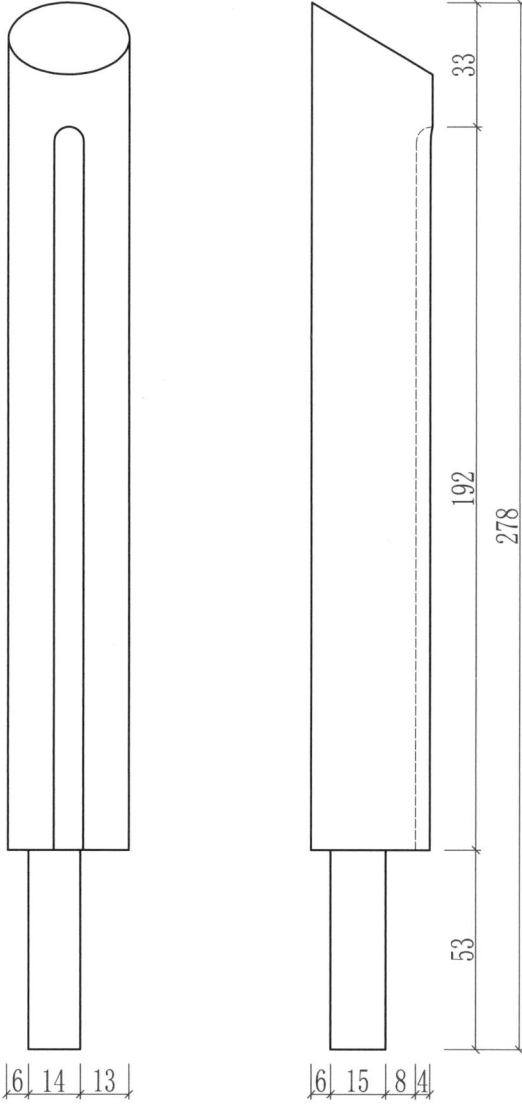

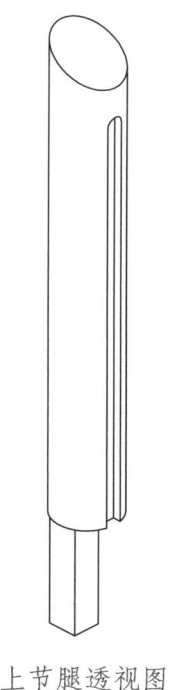

上节腿透视图

33

192

278

53

6 14 13

6 15 8 4

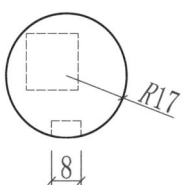

R17

8

上节腿三视图

正视图 左视图

俯视图

比例: 1：2

3) 家具实例: 清式花梨木皇宫圈椅

椅子腿和座面的接合之一

清式花梨木皇宫圈椅—整体图

椅子腿和座面的接合之一

清式花梨木皇宫圈椅—细节图

23. 椅子腿和座面的接合之二

1）基本概念

此结构和上一章的榫卯结构是同一个款式，不同的是此结构中腿子是一木连做的，也叫通腿。在当今的古典家具行业里几乎没有人这样做，因为此种做法加工难度大、费材料，组装后和上下两节腿分做的做法从外表上看没什么区别。但此结构的牢固性更好一些，不易散架。

2）应用部位

有束腰圈椅、太师椅等椅类腿和座面边框相交处。

整体结构示意图

拆分结构示意图

榫卯构造

◆ **制作要点：**

此结构对尺寸和角度的精确度要求特别高，在组装时需要试装，要比上一个榫卯结构的组装难度大。

* 在这里讲一下座面边框的榫头。按照常理，椅腿穿过座面边框不应该伤到榫头。但此结构中榫头出现圆弧缺有两个原因：一是不想通过增大座面边框宽度来避免座面边的榫头受到腿子的伤害，否则座面边框过于宽大，有笨拙的感觉。二是座面边框榫头有圆弧缺也有一个好处，当椅子组装后，椅腿起到了一个圆销的作用，即使座面边框不上胶水，椅腿也能把座面边框的榫卯锁住。

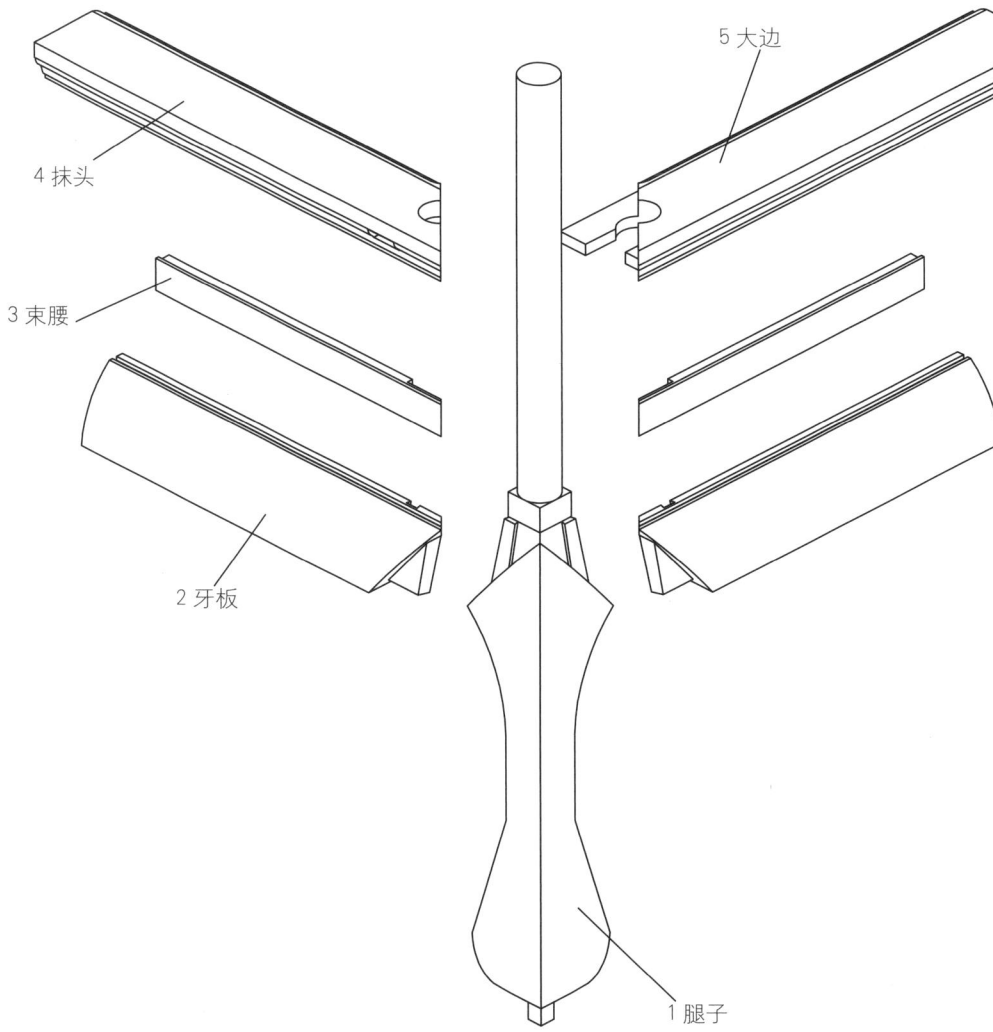

5 大边

4 抹头

3 束腰

2 牙板

1 腿子

整体透视图

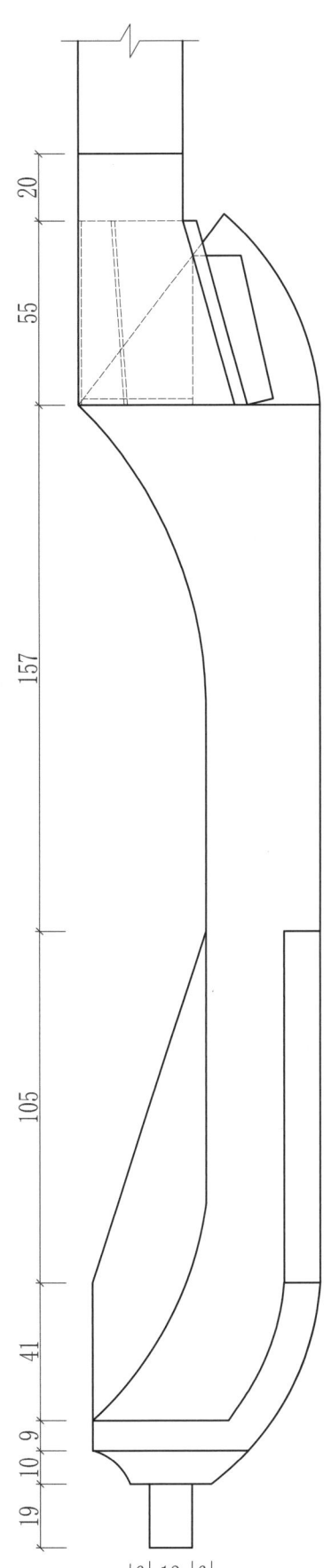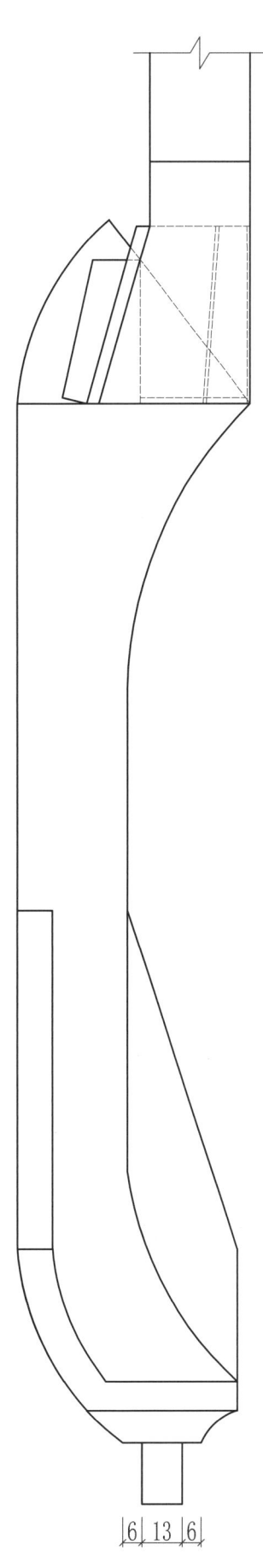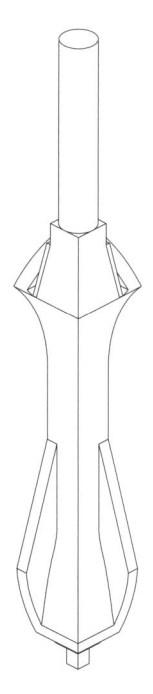

腿子透视图

腿子三视图

| 6 | 13 | 6 |

| 正视图 | 左视图 |

比例：1：2

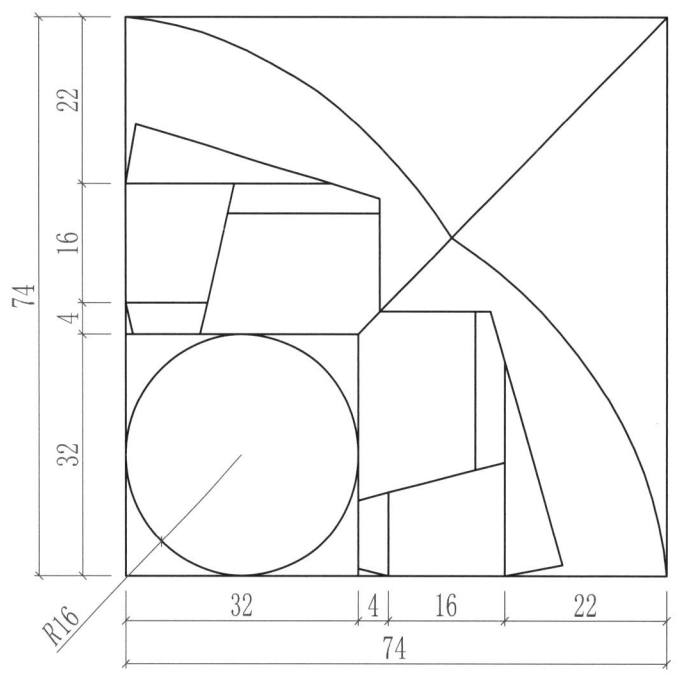

腿子俯视图—大样图

俯视图

大样图比例：1：1

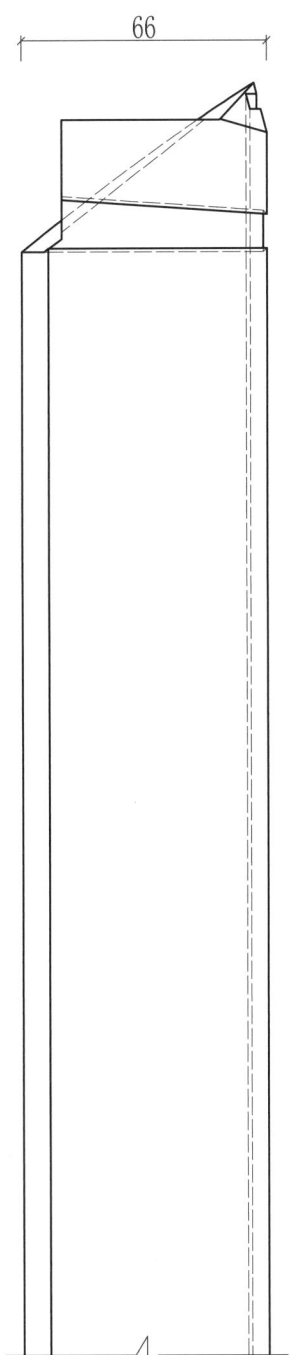

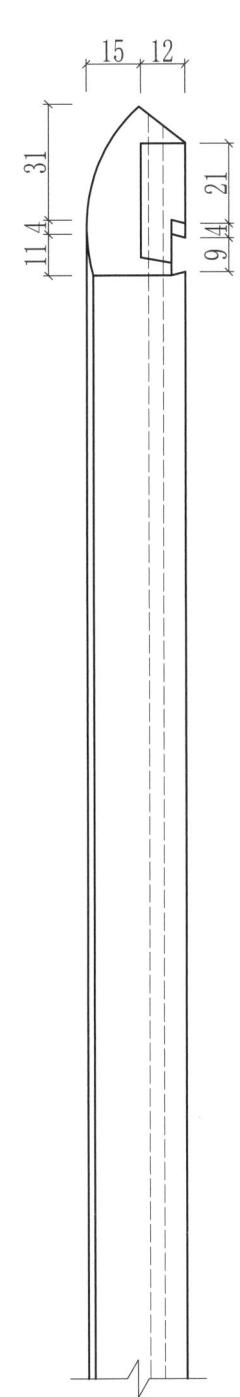

牙板透视图

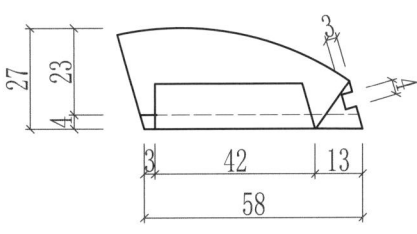

牙板三视图

正视图	左视图
俯视图	

比例：1：2

榫卯构造

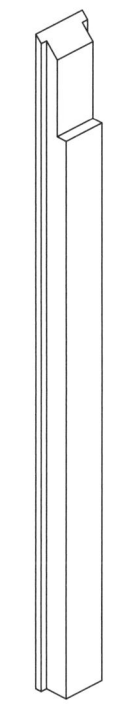

束腰透视图

正视图	左视图
俯视图	

比例: 1 : 2

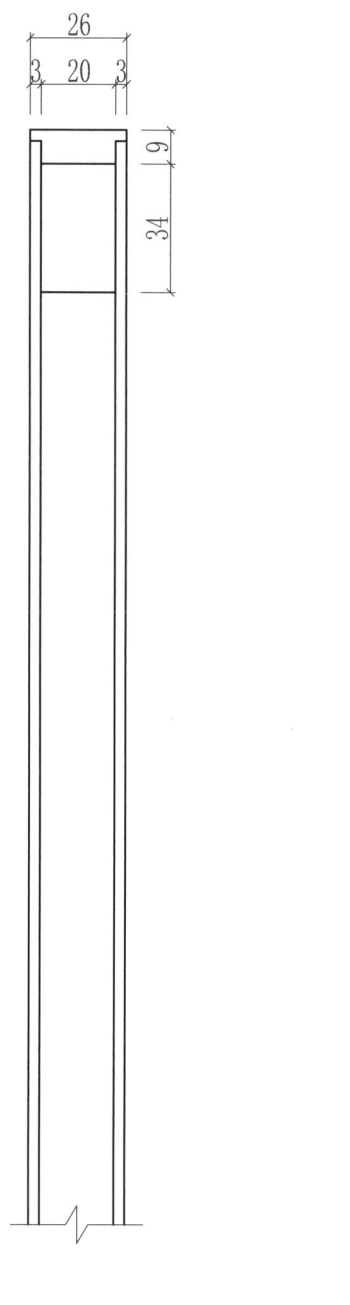

26
3 20 3

9

34

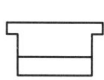

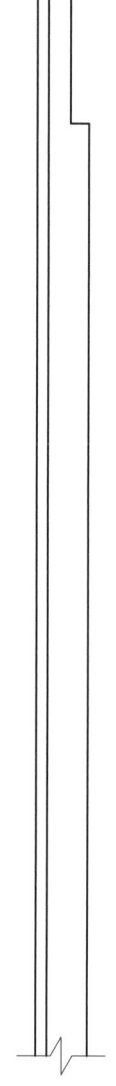

14
3.6.5

束腰三视图

336

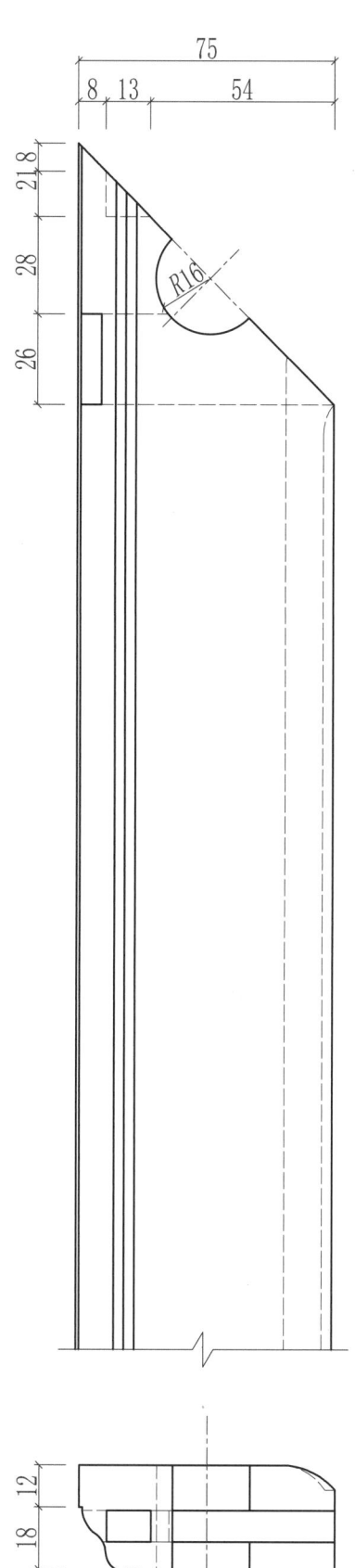

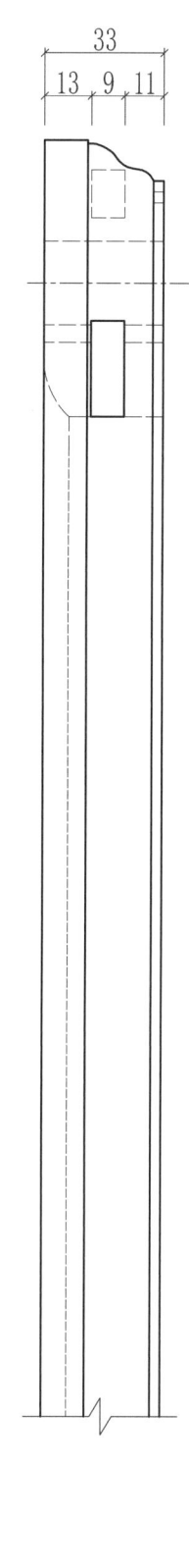

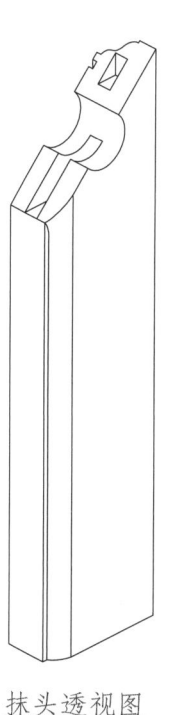

抹头透视图

抹头三视图

| 正视图 | 左视图 |
| 俯视图 | |

比例：1：2

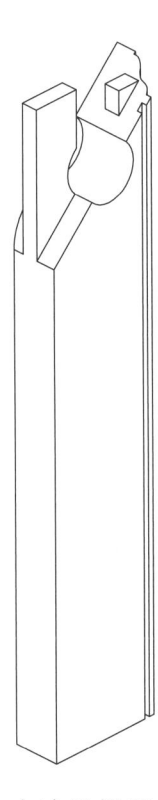

大边透视图

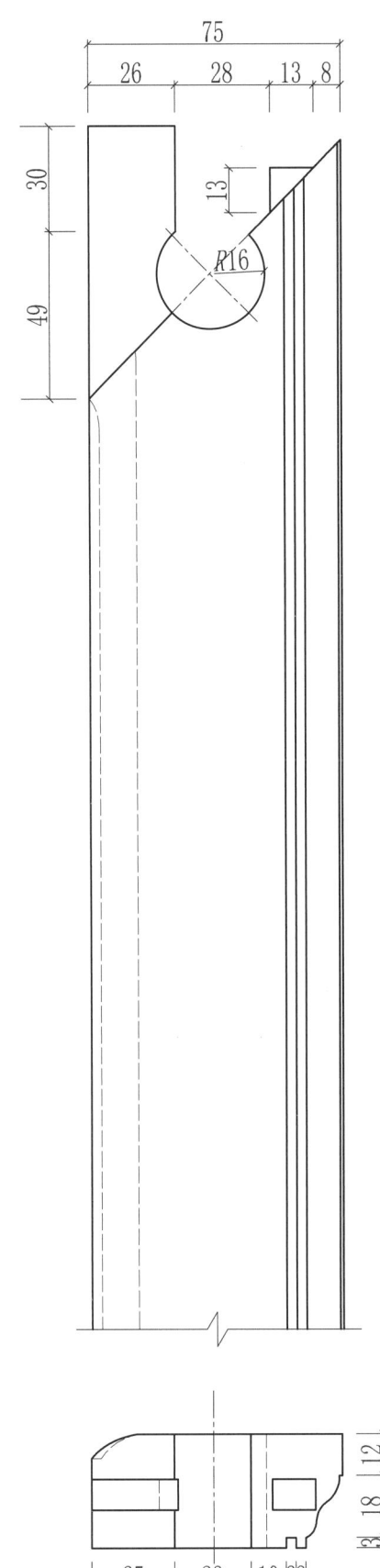

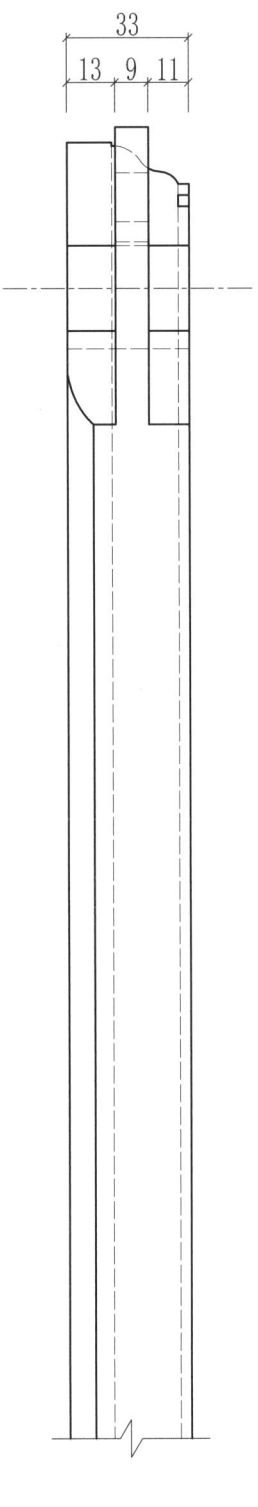

正视图	左视图
俯视图	

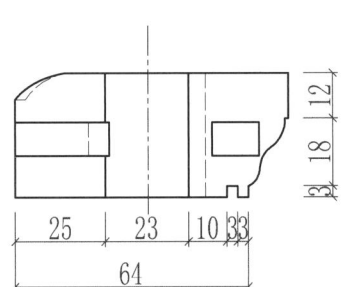

比例: 1：2

大边三视图

3) 家具实例：清式酸枝木南官帽椅

椅子腿和座面的接合之二 —

清式酸枝木南官帽椅—整体图

椅子腿和座面的接合之二 —

清式酸枝木南官帽椅—细节图

古典技艺

24. 椅子腿和座面的接合之三

1) 基本概念

当做比较大的椅子时，椅腿一般会随比例加粗，椅腿和座面接合可采用此结构。当椅子腿很细时不宜采用此法，因为腿子容易在座面处断掉。这种结构出现的年代比较晚，一般都是清代后期的造法。

2) 应用部位

较粗的椅腿与座面接合处。

整体结构示意图

拆分结构示意图

【榫卯口诀】

椅腿过细不宜用，

接合部位易断裂。

方形截面要做大，

椅子牢固更美观。

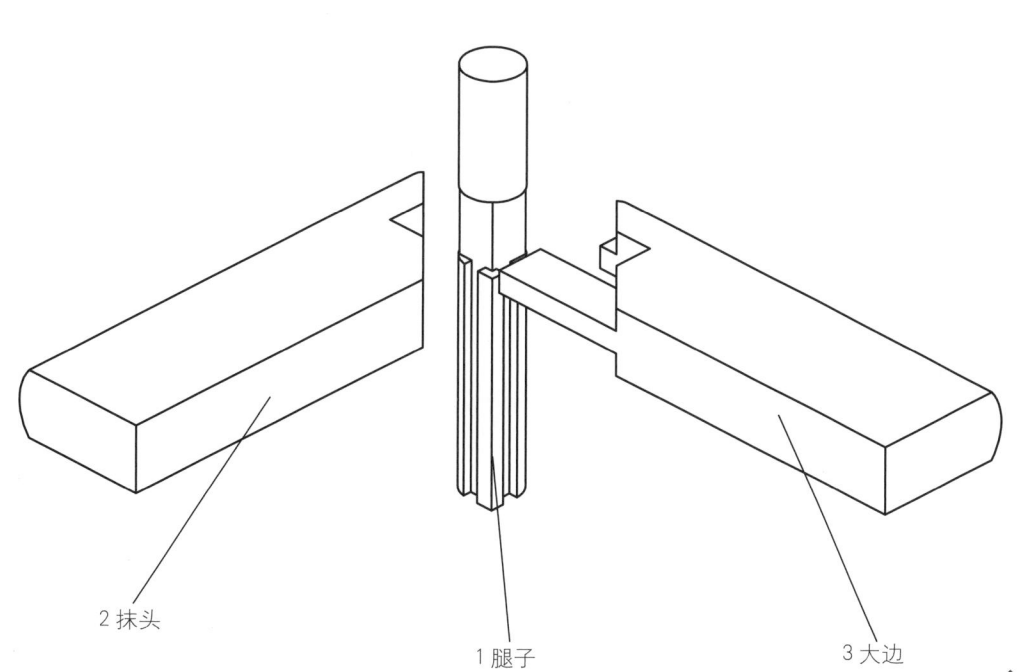

2 抹头

1 腿子

3 大边

整体透视图

◆ 制作要点：

利用这种结构形式做椅
子时，座面和腿的接合
处、椅腿的方形截面应
尽量做大，这样椅子会
更牢固。这种结构椅子
的座面边框应做宽一些。

榫卯构造

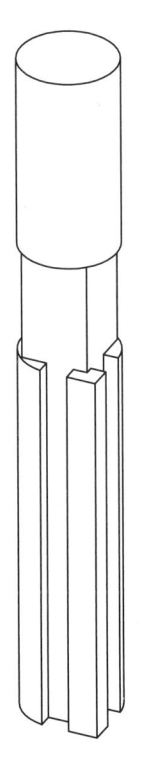

腿子透视图

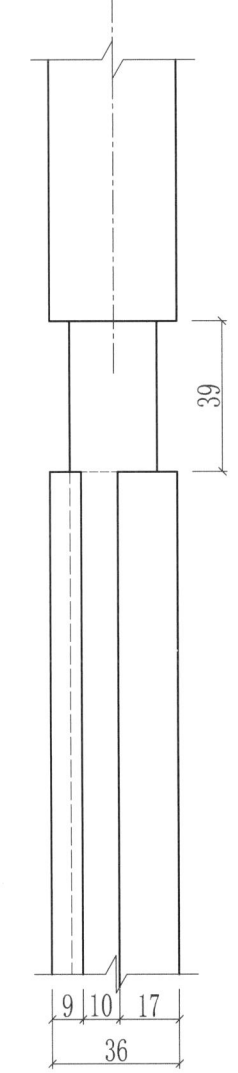

39

9 | 10 | 17
36

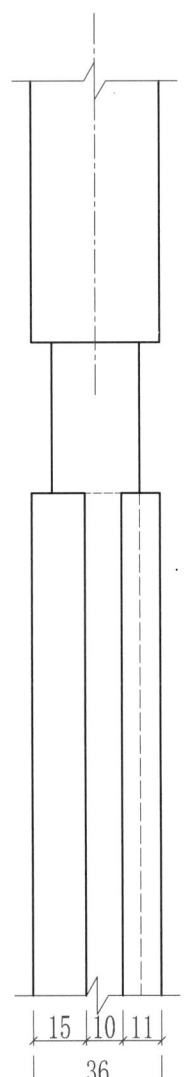

15 | 10 | 11
36

| 正视图 | 左视图 |

| 俯视图 |

比例：1：2

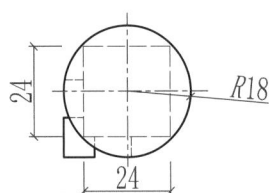

24

R18

24

腿子三视图

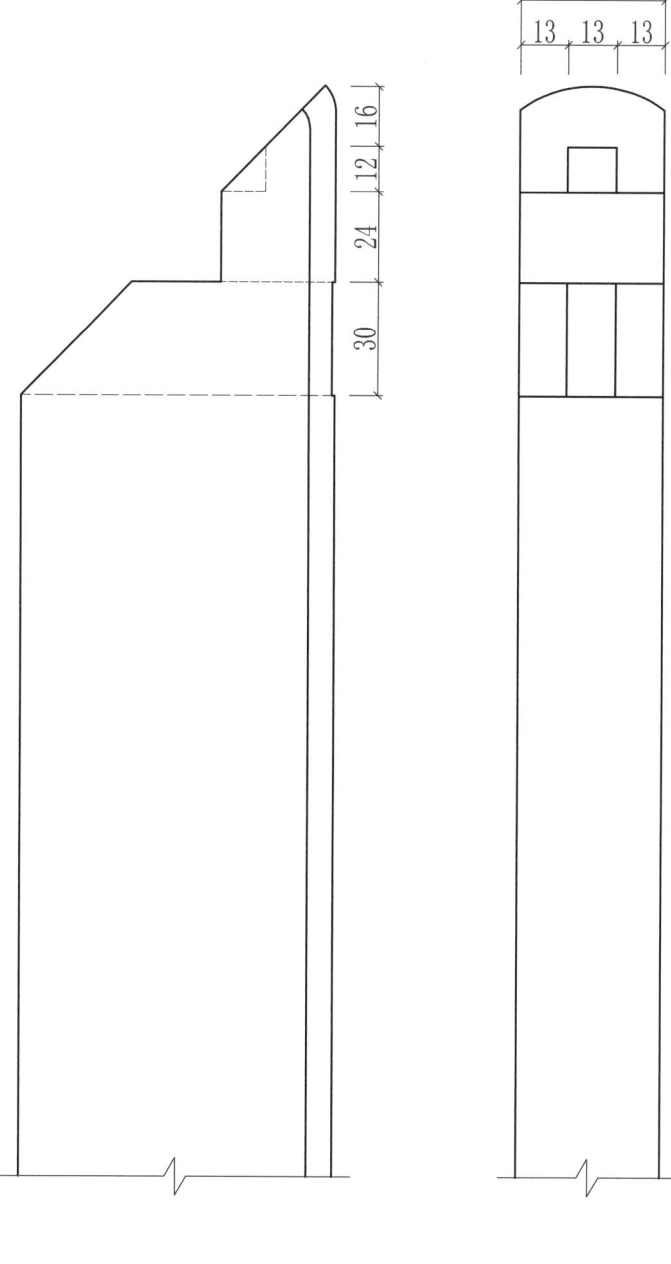

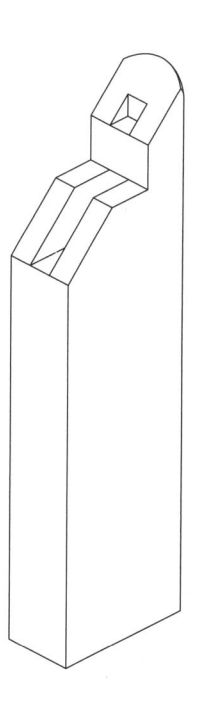

抹头透视图

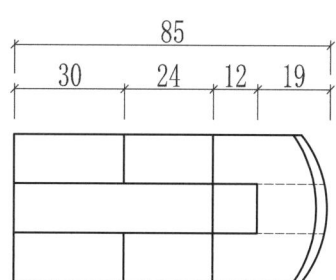

抹头三视图

正视图	左视图
俯视图	

比例：1 : 2

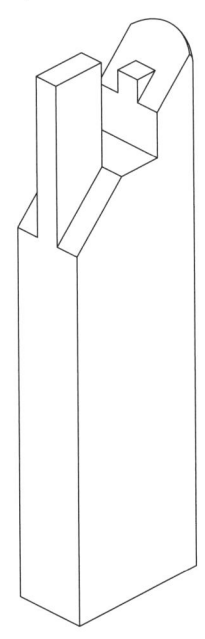

大 边 透 视 图

榫卯构造

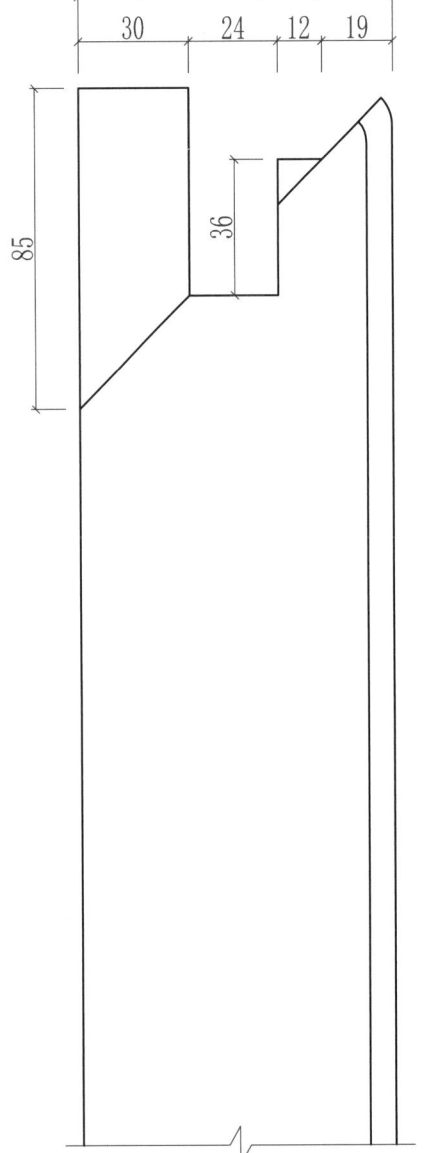

85

30 24 12 19

85

36

39

13 13 13

正视图　左视图

俯视图

比例：1：2

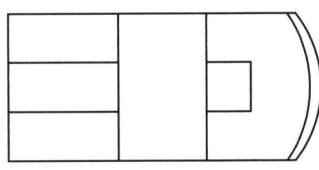

大 边 三 视 图

3) 家具实例：清式花梨木扇面南官帽椅

椅子腿和座面的接合
之三

清式花梨木扇面南官帽椅—整体图

椅子腿和座面的接合之三

图版清单（椅子腿和座面的
接合之三）：
整体结构示意图
拆分结构示意图
整体透视图
腿子透视图
抹头透视图
大边透视图
腿子三视图
抹头三视图
大边三视图
清式花梨木扇面南官帽椅—
整体图
清式花梨木扇面官南帽椅—
细节图

清式花梨木扇面南官帽椅—细节图

25. 椅子腿和座面的接合之四

1）基本概念

此结构是明式椅子最常用的一种榫卯结构，方腿圆做，看面倒圆，内侧则留出小三角形截面，与大边出榫格角相交。此结构通常配合牙子、券口或圈口一起增强力学支撑。

2）应用部位

椅子座面和腿足的接合处。

整体结构示意图

拆分结构示意图

【榫卯口诀】

椅子腿足像圆腿，
外圆内方很精巧。
座面承重靠椅腿，
承重核心内方角。

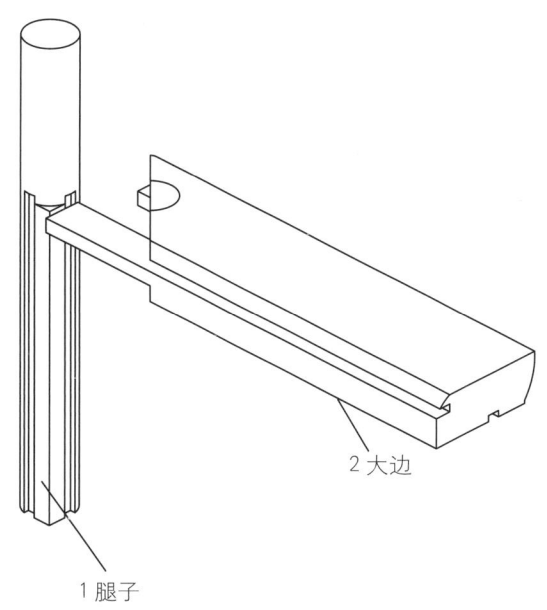

3 抹头

2 大边

1 腿子

整体透视图

◆ 制作要点：

明式椅子的腿足表面看上去是圆腿，大部分实则外圆内方，为方腿圆做。椅子座面的承重点位于椅腿的内方角，圈口牙子起辅助承重作用。再有，大边上的小三角榫很重要，没有它，大边和抹头的格角会不平。在这个结构中，边抹打圆孔，椅腿从圆孔中穿过，锁住边抹。把椅腿和边抹的接缝做严，是这个结构的制作重点。

榫卯构造

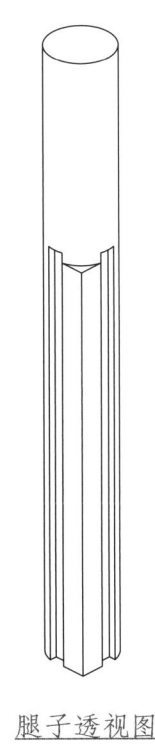

腿子透视图

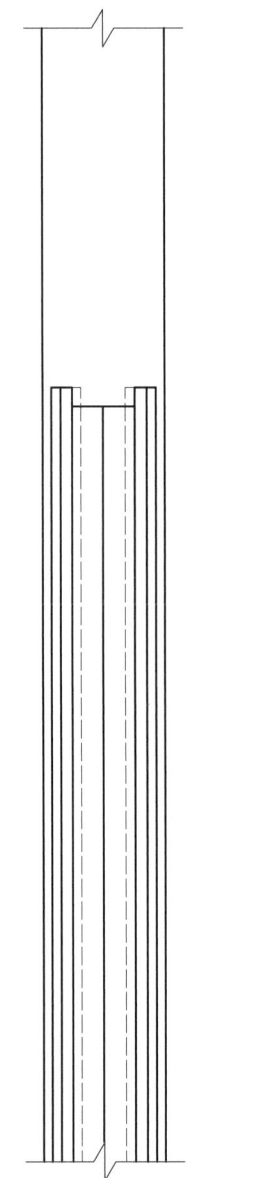

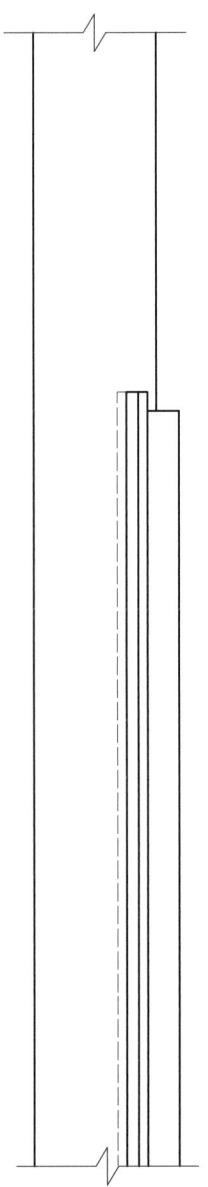

正视图	左视图

俯视图

比例: 1：2

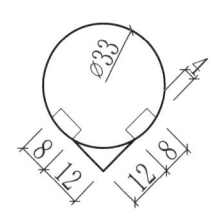

腿子三视图

348

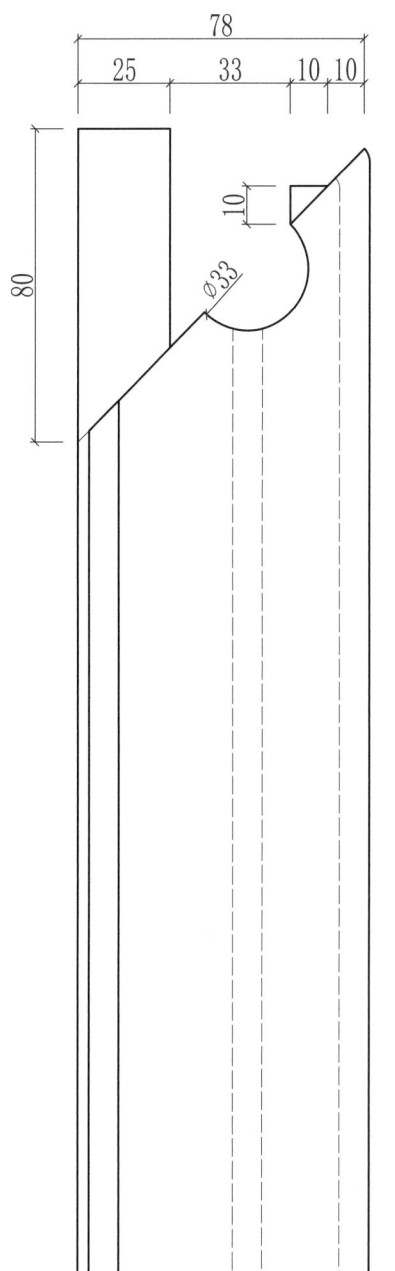

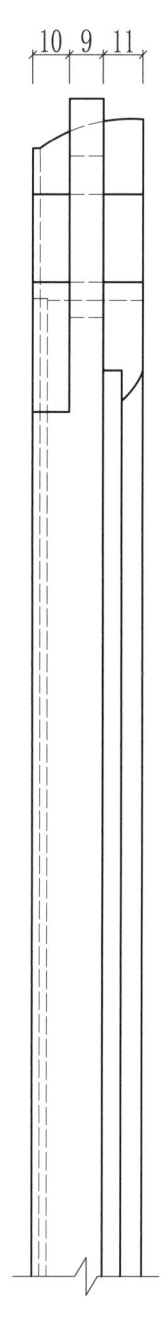

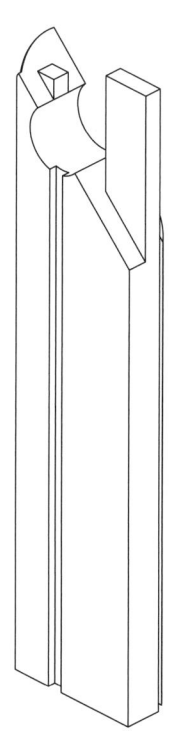

大边透视图

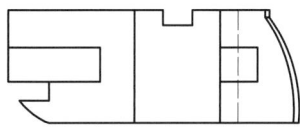

大边三视图

正视图	左视图
俯视图	

比例：1：2

榫卯构造

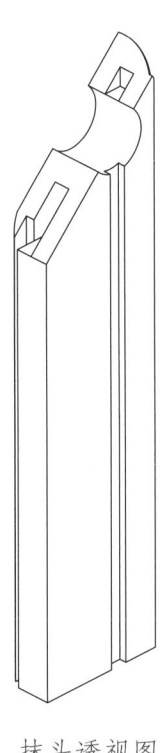

抹头透视图

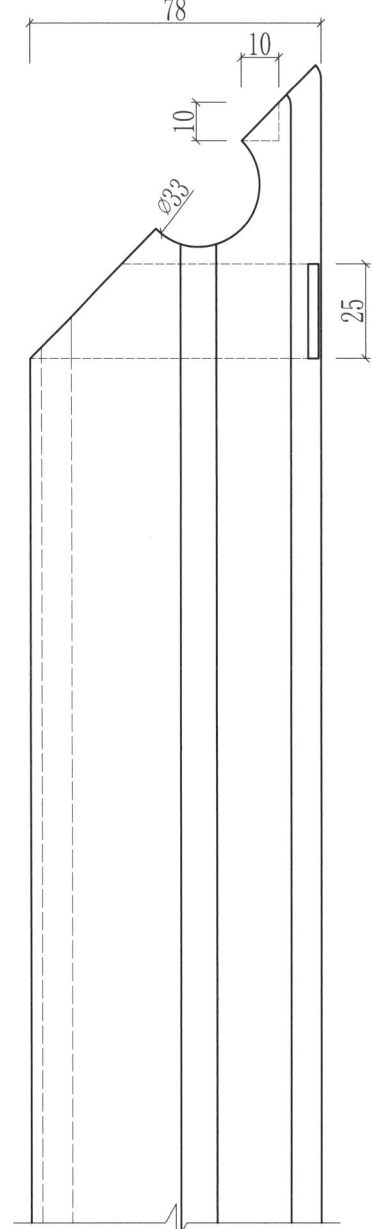

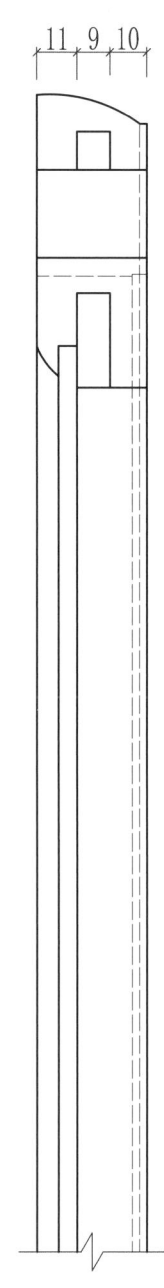

正视图　左视图

俯视图

比例: 1 : 2

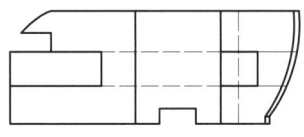

抹头三视图

350

3）家具实例：明式花梨木圈椅

椅子腿和座面的接合之四

明式花梨木圈椅—整体图

椅子腿和座面的接合之四

明式花梨木圈椅—细节图

图版清单（椅子腿和座面的接合之四）：

整体结构示意图
拆分结构示意图
整体透视图
腿子透视图
大边透视图
抹头透视图
腿子三视图
大边三视图
抹头三视图
明式花梨木圈椅—整体图
明式花梨木圈椅—细节图

26. 椅子腿和座面的接合之五

1）基本概念

此结构和上一个结构略有不同：椅腿穿过边抹时伤到了榫头，造成了榫头上有圆弧缺，力学强度稍差。之所以也收录到本书，是因为明式椅类制作中也有这样的造法。

2）应用部位

椅子座面和腿足的接合处。

整体结构示意图

拆分结构示意图

【榫卯口诀】

边抹底下要垫实，
打出圆孔毛刺少。
先打前腿再后腿，
先做倒圆后打槽。

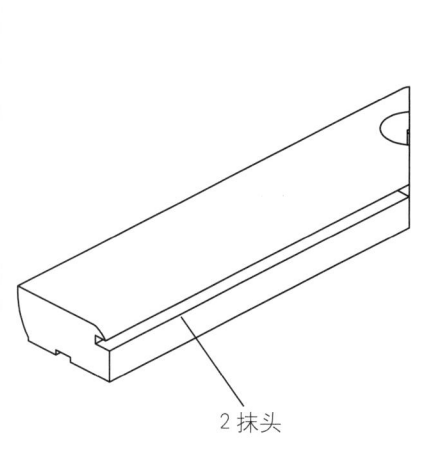

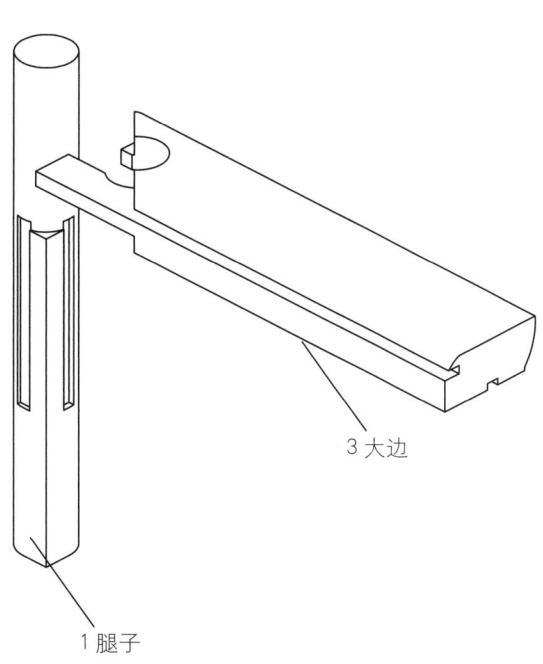

2 抹头

3 大边

1 腿子

整体透视图

◆ 制作要点：

在打椅子边抹上的圆孔时，应注意边抹底下要垫些东西，使其放平，这样打出的圆孔下面毛刺会少。边抹上打圆孔也可以分着打出半圆，分别从边抹的边沿向面边中心打，这样座面边圆孔的上下边缘会更整齐。另外需要注意：一般椅子前腿细后腿粗，在打圆孔时要先打椅子前腿的孔，再打椅子后腿的孔。一般边抹内口有倒圆，要先倒圆，再打装板的槽口，这样木料在制作中劈裂现象少。

榫卯构造

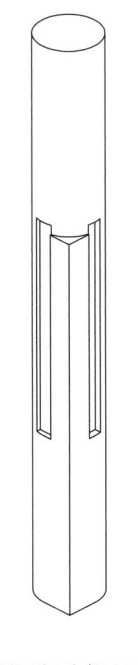

腿子透视图

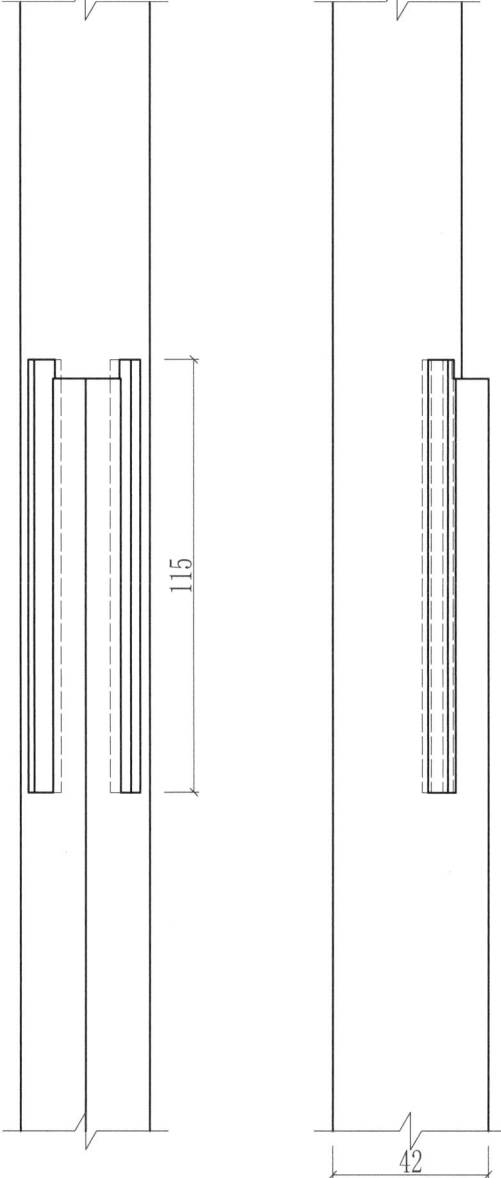

115

42

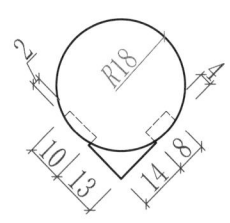

R18

2   4

10 13   14 8

腿子三视图

正视图	左视图
俯视图	

比例：1：2

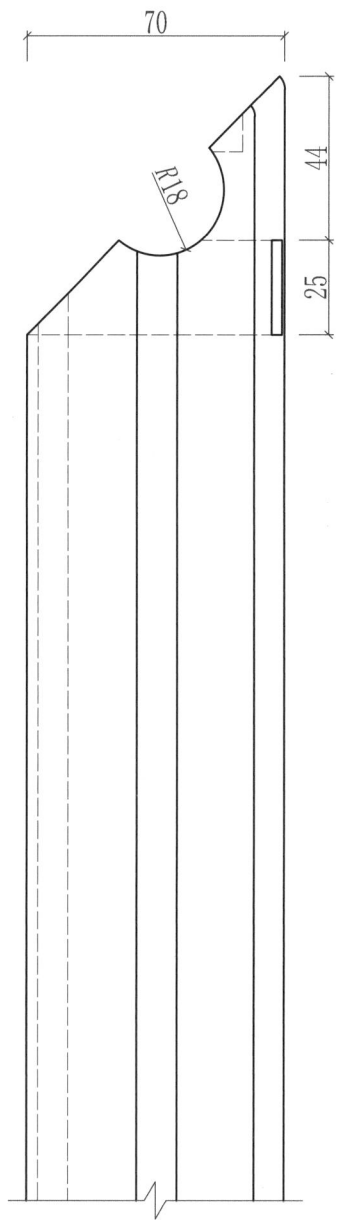

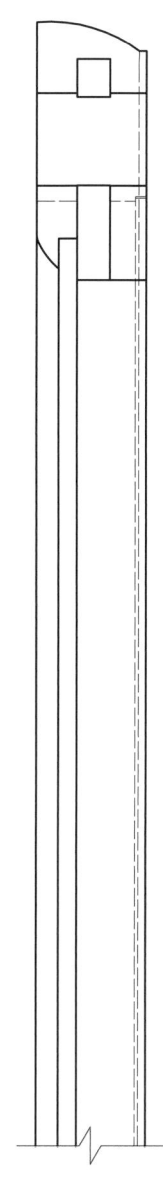

70

44

25

R18

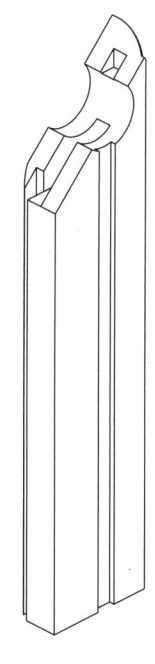

抹头透视图

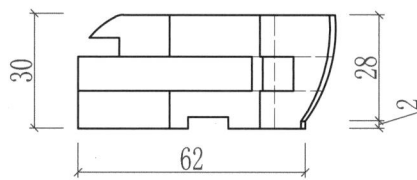

30

28

2

62

抹头三视图

正视图	左视图
俯视图	

比例：1：2

榫卯构造

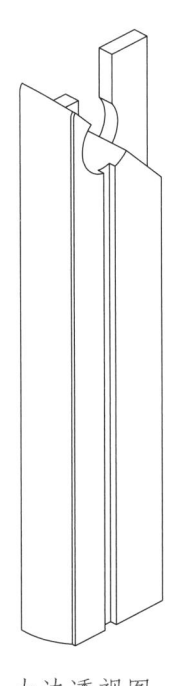

大边透视图

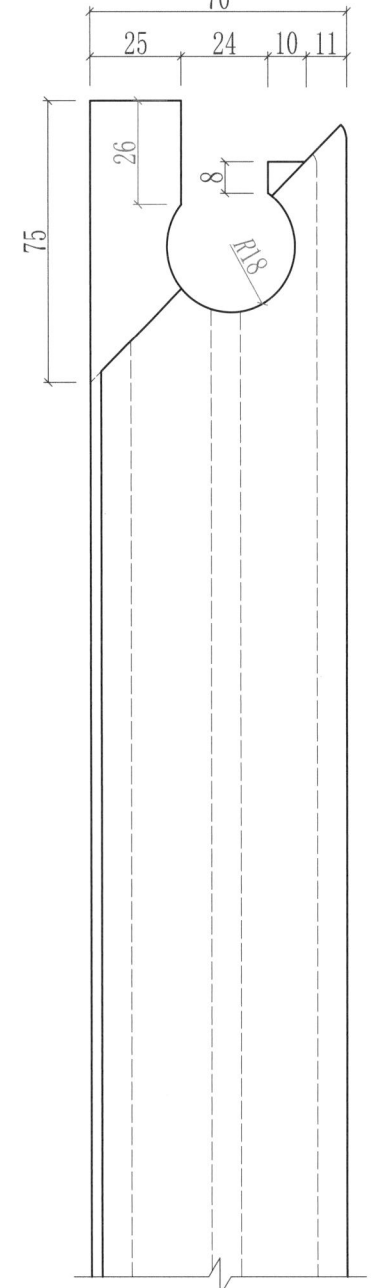

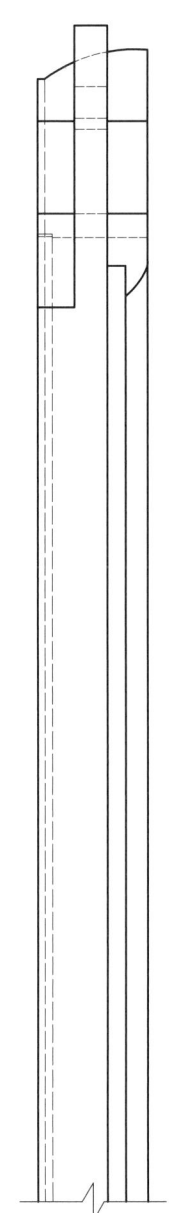

大边三视图

正视图 | 左视图

俯视图

比例：1：2

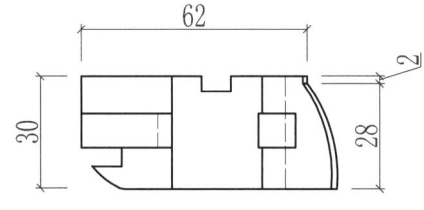

356

3) 家具实例：明式黄花梨四出头官帽椅

椅子腿和座面的接合之五

明式黄花梨四出头官帽椅—整体图

椅子腿和座面的接合之五

明式黄花梨四出头官帽椅—细节图

27. 方腿和托泥的接合

1）基本概念

在传统家具中有的腿足不直接着地，另有横木在下承托，此木即称为"托泥"，也称"托子"。托泥有防潮作用，更多的是装饰作用和管脚枨的作用，可以增强家具的稳定性，是明清家具的常用结构。

2）应用部位

案类方腿与托泥接合处。

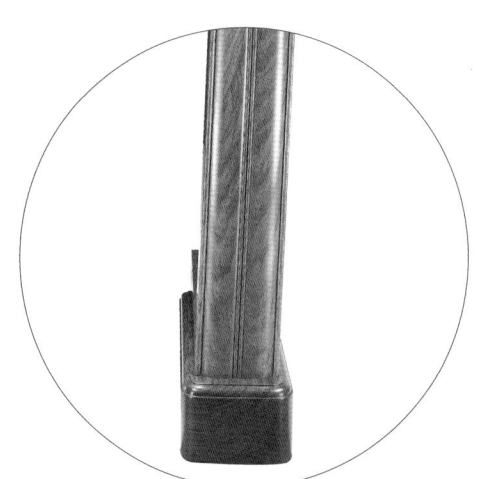

整体结构示意图

拆分结构示意图

【榫卯口诀】

托泥重点防潮用，
装饰管脚起作用。
托泥之上结构多，
挡板帐子两相宜。

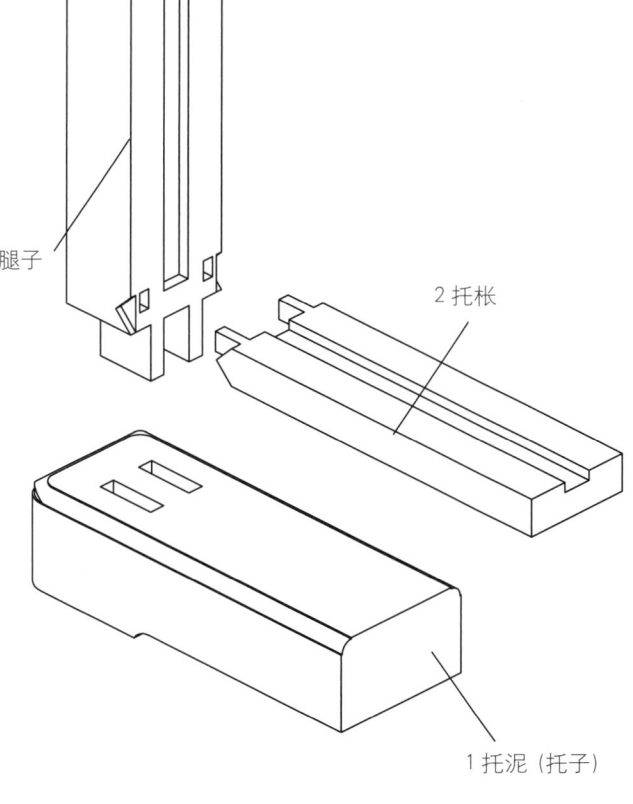

3 腿子

2 托帐

1 托泥（托子）

整体透视图

◆ 制作要点：

托泥的做法多种多样：
此结构中托泥上另设托
帐，加强连接；也有的
两腿之间的圈口或雕花
挡板直接和托泥相连，
托泥之上不另加横帐；
还有的腿足和托泥采用
单榫相连，无论是双榫
还是单榫，腿足和托泥
相连的榫头做成半榫就
可以了。

榫卯构造

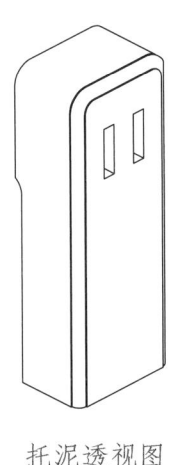

托泥透视图

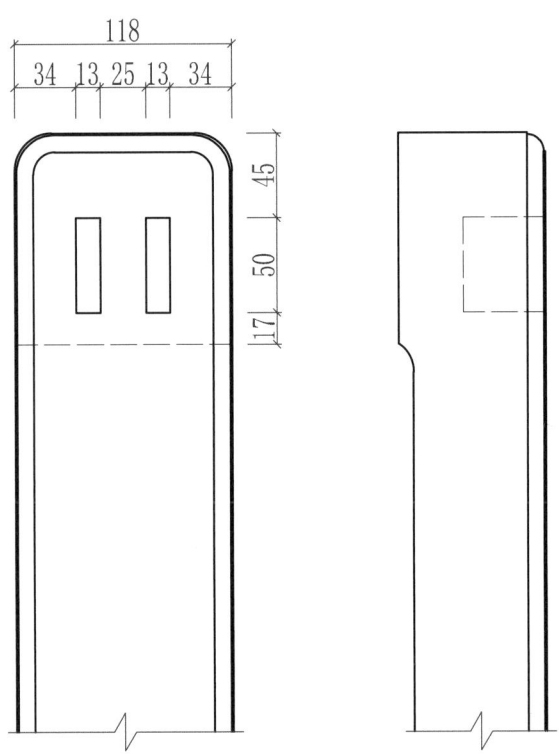

正视图	左视图

俯视图

比例：1：4

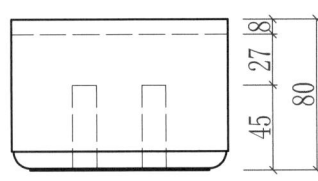

托泥三视图

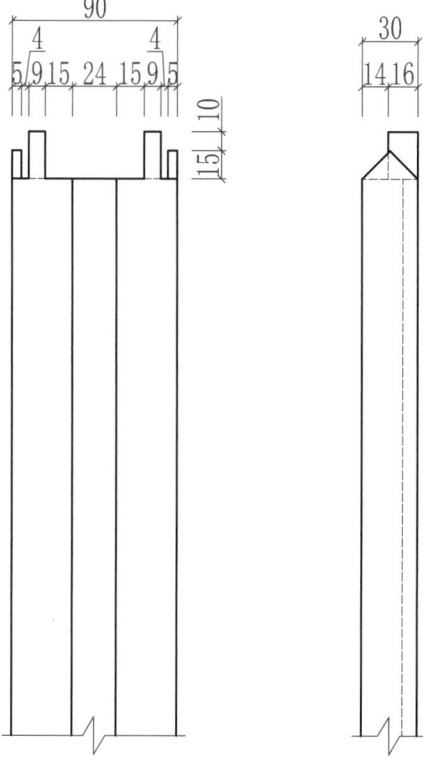

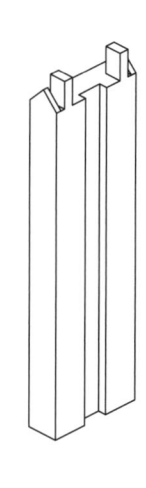

托枨透视图

托枨三视图

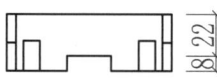

正视图	左视图

俯视图

比例: 1 : 4

榫卯构造

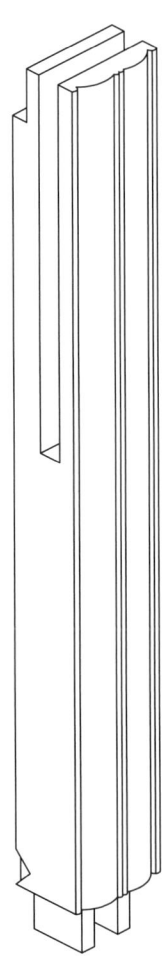

腿子透视图

正视图　左视图

俯视图

比例: 1 : 4

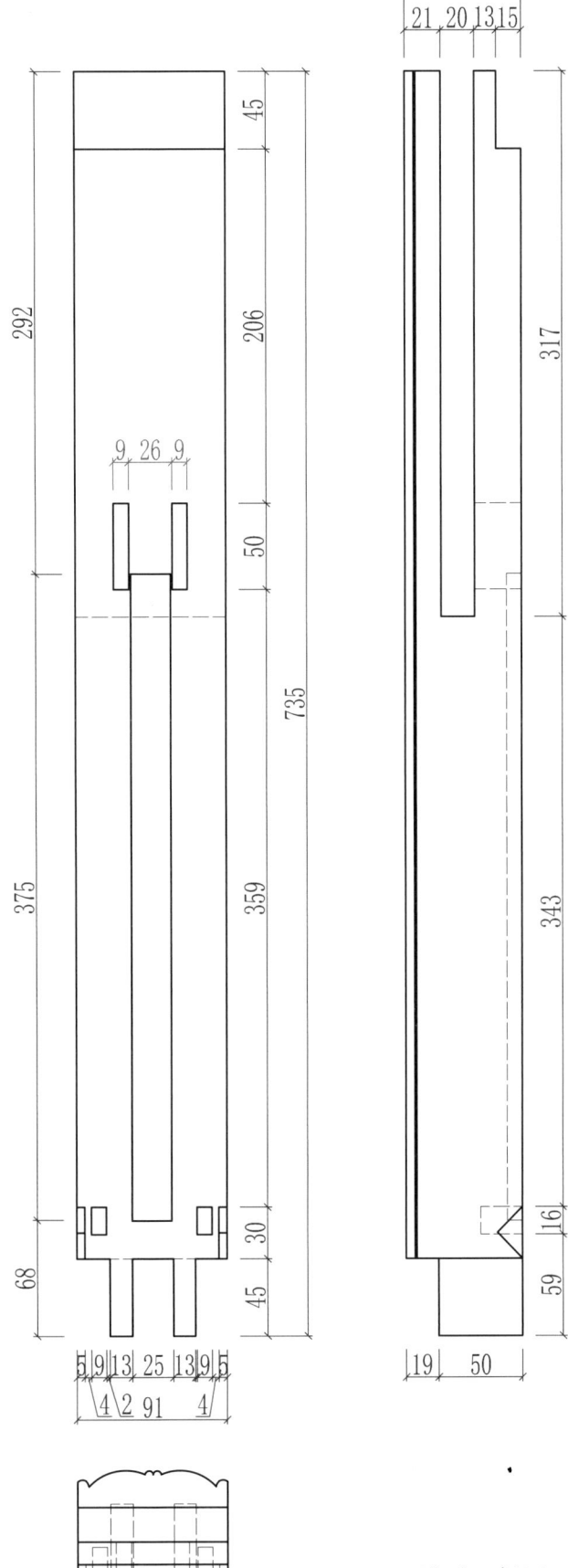

腿子三视图

3）家具实例：现代中式红酸枝条案

方腿和托泥的接合

现代中式红酸枝条案—整体图

方腿和托泥的接合

现代中式红酸枝条案—细节图

古典技艺

28. 柜门和柜腿的接合之一

1）基本概念

圆角柜在明式家具中是一种非常有个性的器型，为锥形体，重心感强，设计独具匠心。由于柜门的重心在柜腿内侧，所以柜门在打开后靠向心力可自动关上，这是圆角柜的一大特点。而且柜门的连接和转动不是靠合页，而是靠门轴，颇有古朴感。

2）应用部位

明式圆角柜较长的柜门（瓜棱腿造型）。

整体结构示意图

拆分结构示意图

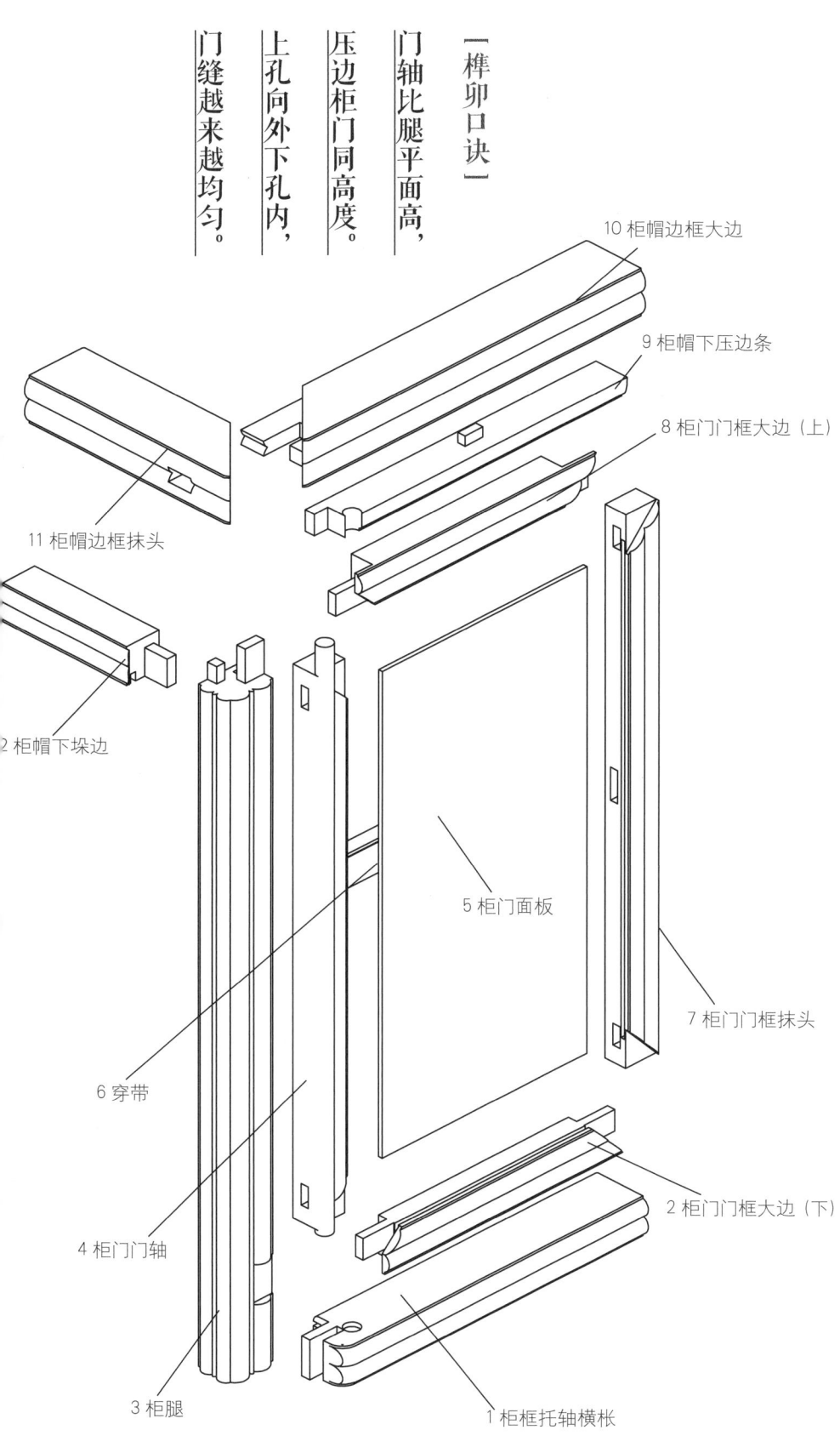

10 柜帽边框大边

9 柜帽下压边条

8 柜门门框大边（上）

11 柜帽边框抹头

12 柜帽下垛边

5 柜门面板

7 柜门门框抹头

6 穿带

4 柜门门轴

2 柜门门框大边（下）

3 柜腿

1 柜框托轴横枨

整体透视图

◆ 制作要点：

制作圆角柜柜门结构须注意以下三点：一是当门轴比柜腿的平面越高时，开门的角度就越大；二是柜门上方的压边条边线要和柜门边框边线保持在一个平面上才美观，压边条的作用是方便取下整个柜门；三是在打收纳门轴的上下圆孔时，应先确定好圆孔位置再有意打偏一点点，柜帽边框大边上的上圆孔向外靠柜腿方向偏几丝米来打，柜框托轴横枨上的下圆孔向内靠柜门中心方向偏几丝米来打，让两门的中心门缝呈上大下小之态，这样在日后使用中门缝会越来越均匀。

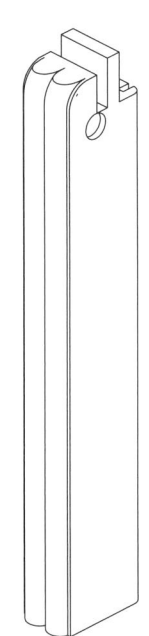

柜框托轴横枨
透视图

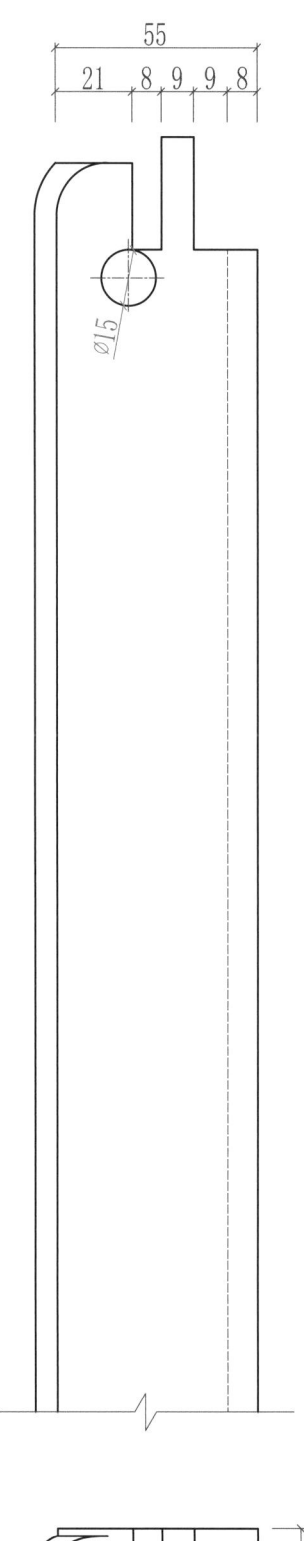

正视图　左视图

俯视图

比例：1：2

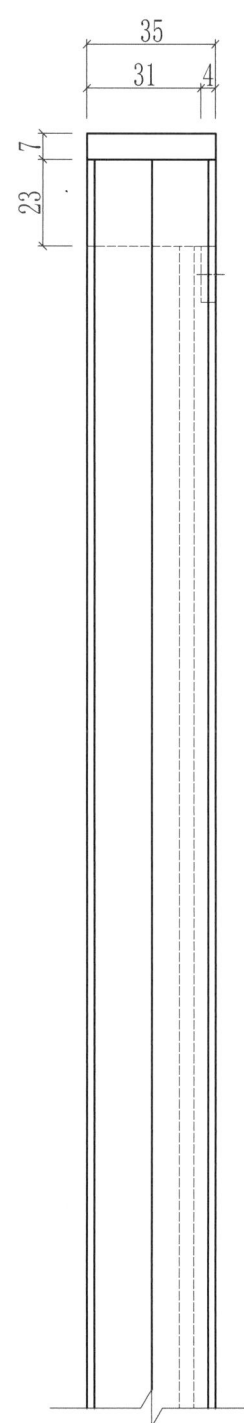

柜框托轴横枨三视图

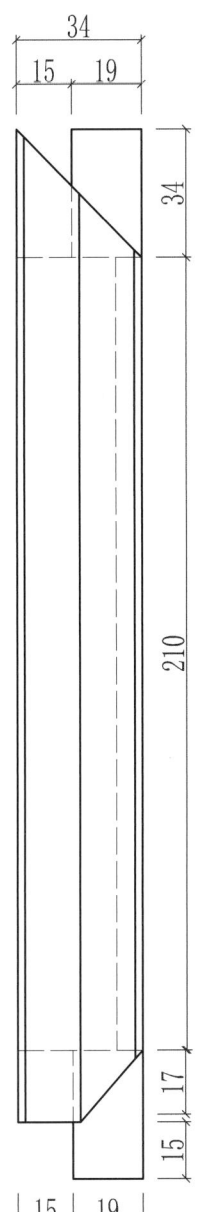

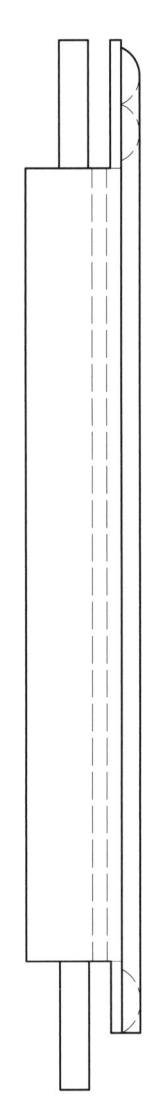

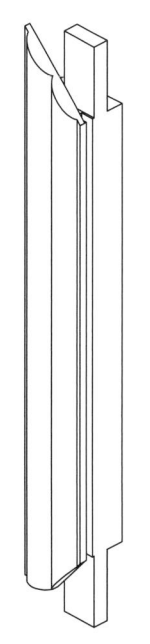

柜门门框大边（下）
透视图

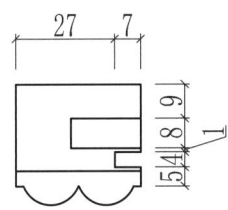

柜门门框大边（下）三视图

| 正视图 | 左视图 |
| 俯视图 | |

比例：1 : 2

古典技艺

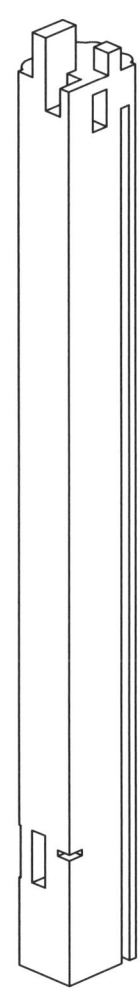

柜腿透视图

正视图　左视图

俯视图

比例: 1 : 4

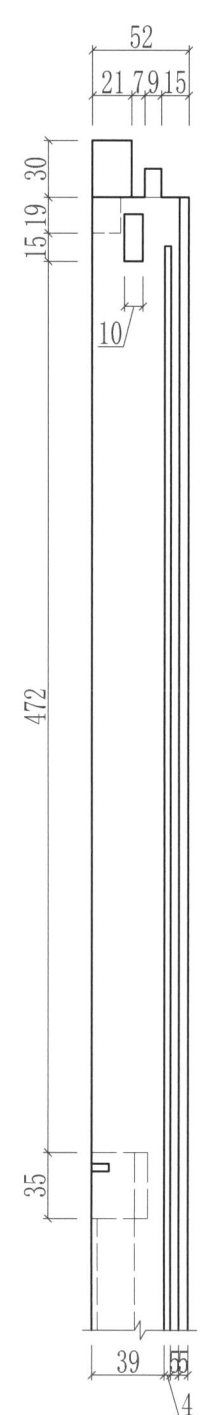

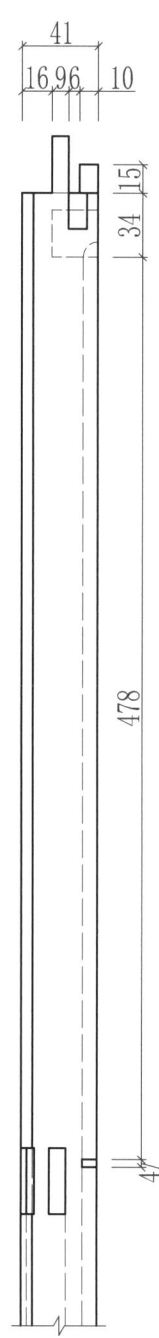

柜腿三视图

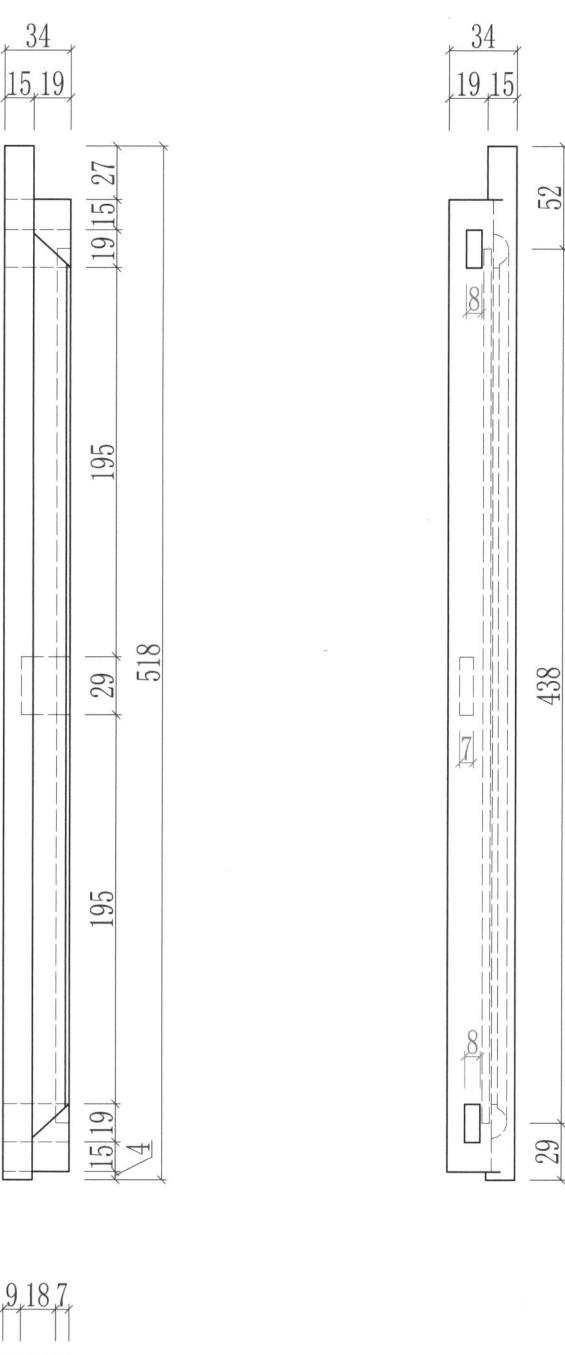

柜门门轴三视图

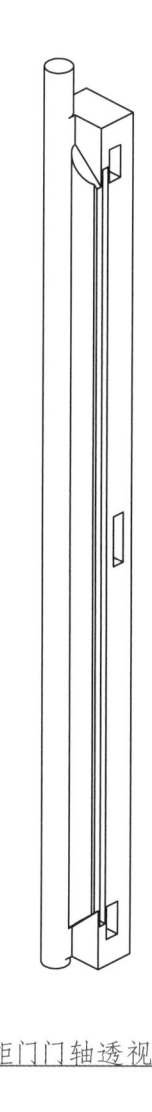

柜门门轴透视图

正视图	左视图
俯视图	

比例：1：4

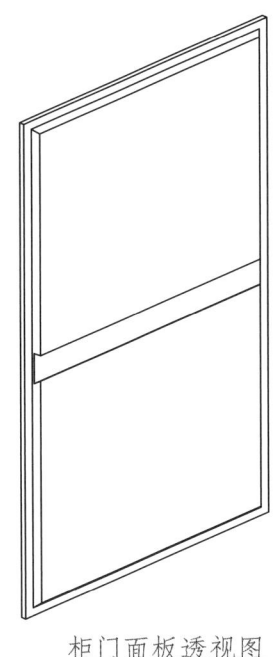

柜门面板透视图

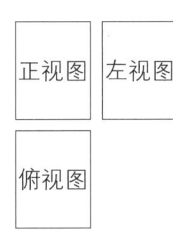

正视图	左视图
俯视图	

比例：1：4

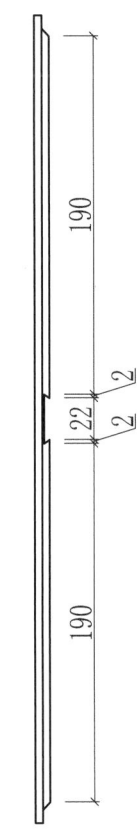

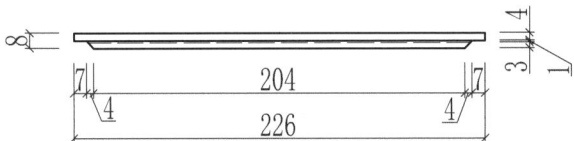

柜门面板三视图

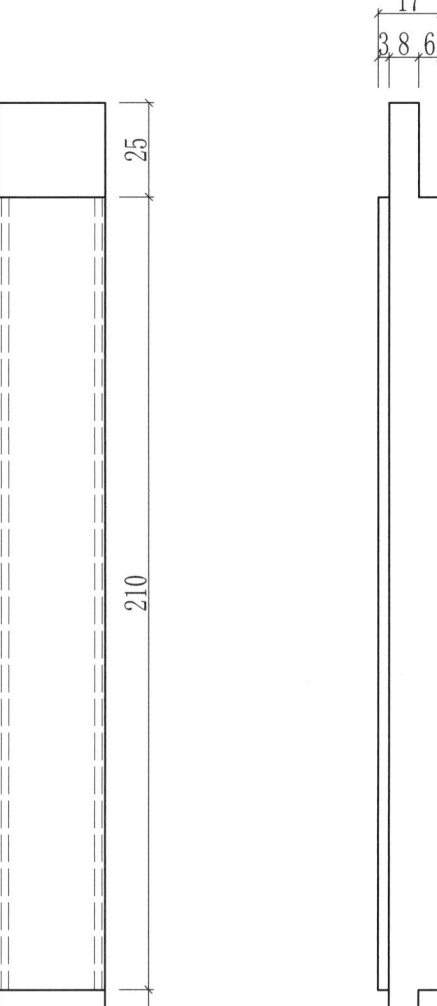

穿带透视图

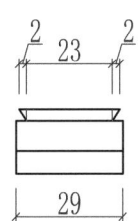

穿带三视图

正视图　左视图

俯视图

比例：1：2

古典技艺

榫卯构造

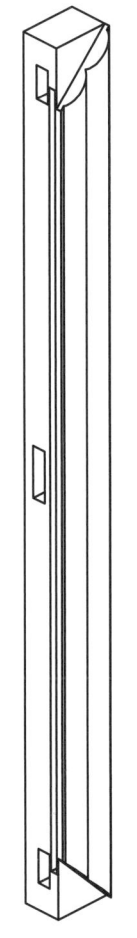

柜门门框抹头
透视图

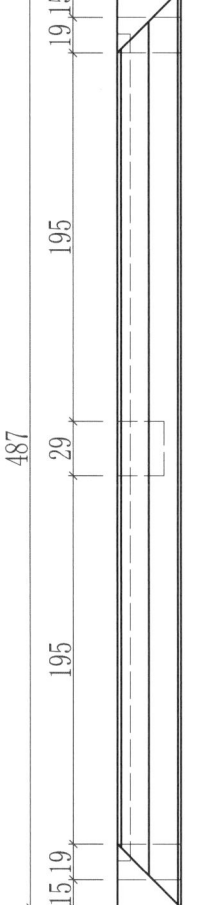

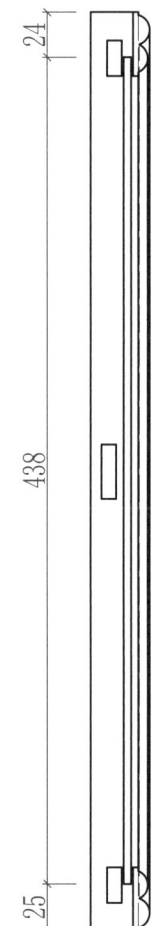

正视图	左视图
俯视图	

比例：1：4

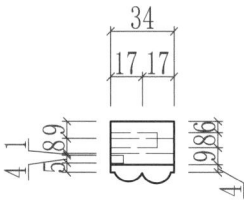

柜门门框抹头三视图

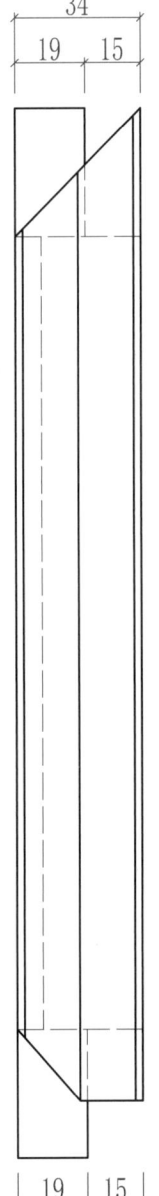

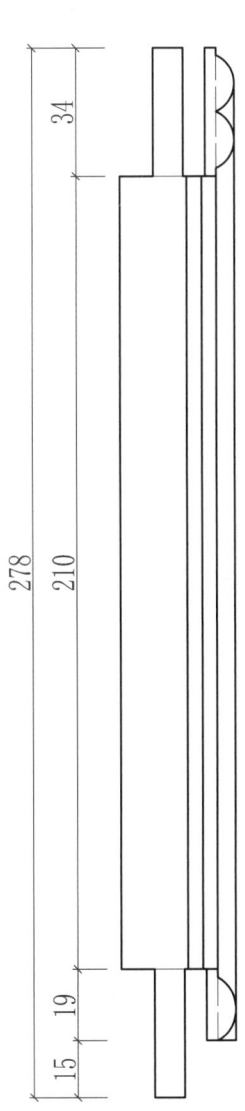

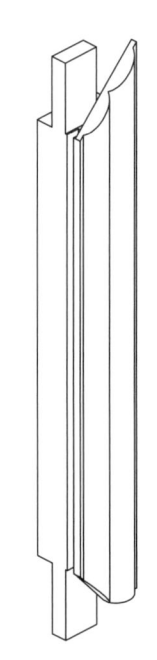

柜门门框大边（上）
透视图

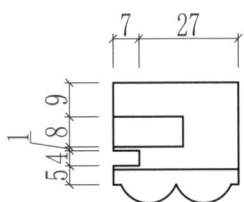

柜门门框大边（上）三视图

正视图	左视图
俯视图	

比例: 1 : 2

榫卯构造

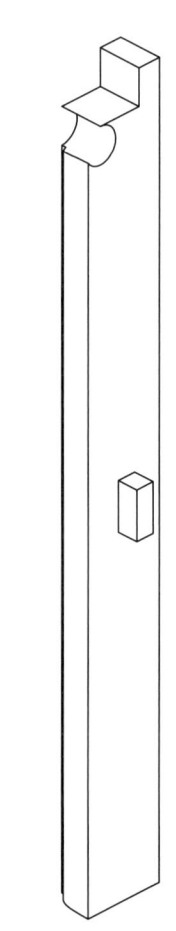

柜帽下压边条透视图

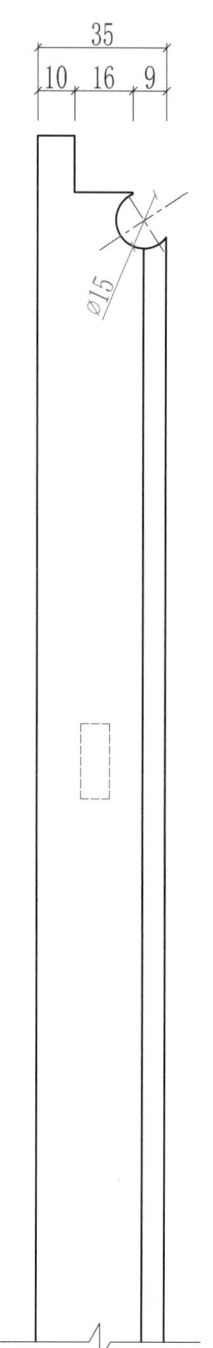

35
10 16 9

Ø15

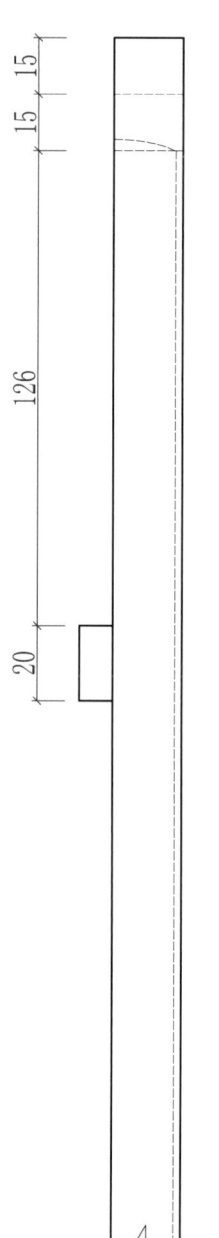

15 15
15
126
20

正视图 左视图

俯视图

比例：1：2

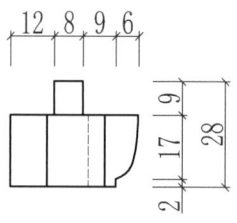

12 8 9 6
28 17 9 2

柜帽下压边条三视图

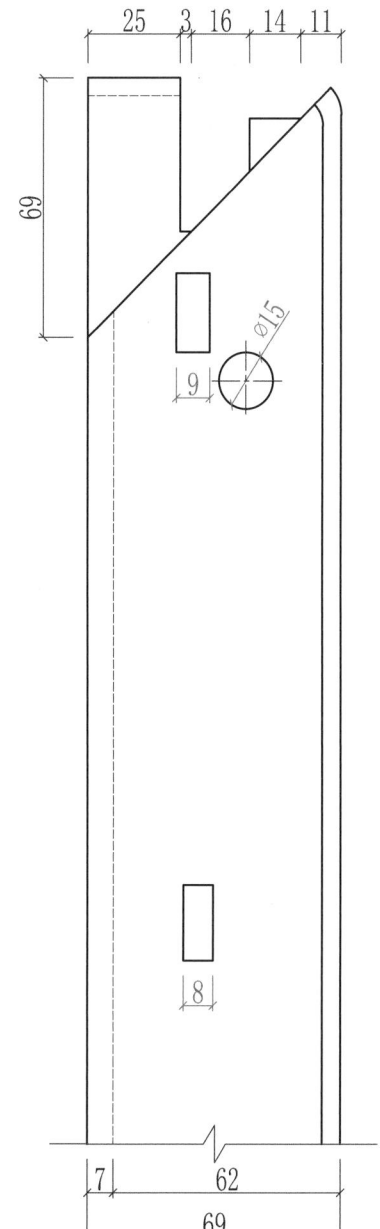

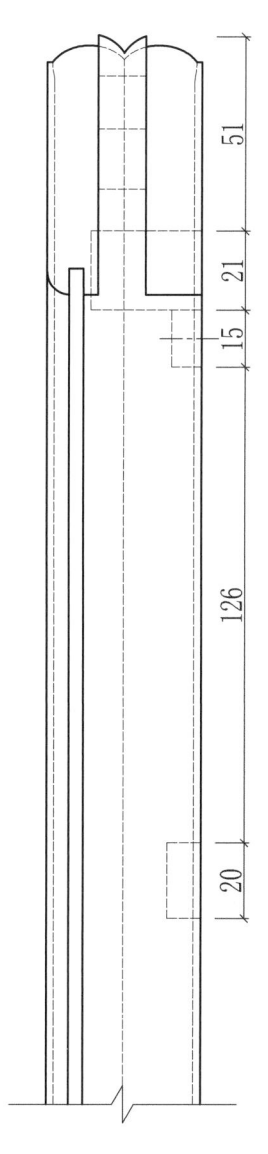

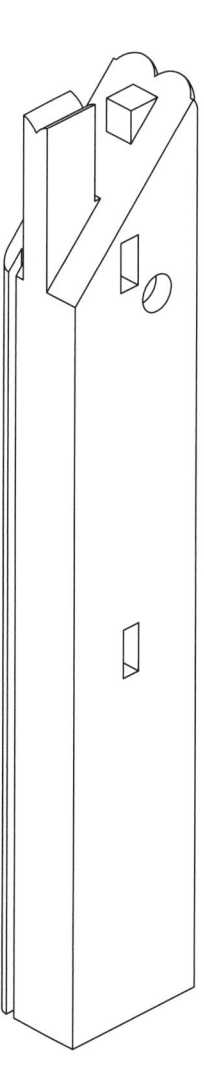

柜帽边框大边
透视图

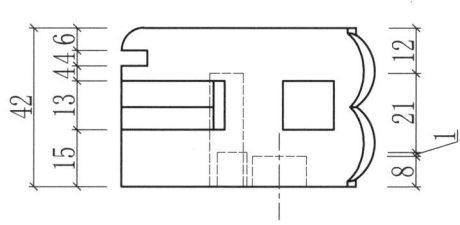

柜帽边框大边三视图

正视图　左视图

俯视图

比例: 1 : 2

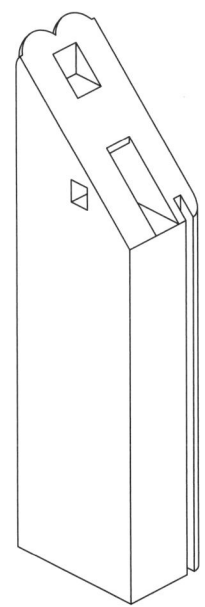

柜帽边框抹头
透视图

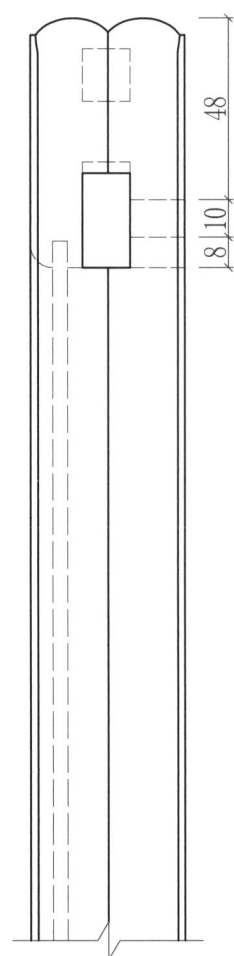

正视图　左视图

俯视图

比例：1：2

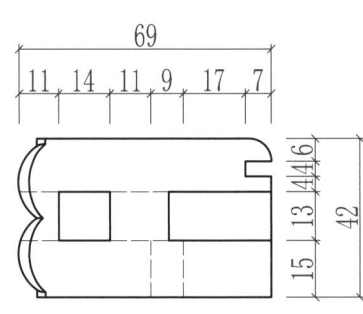

柜帽边框抹头三视图

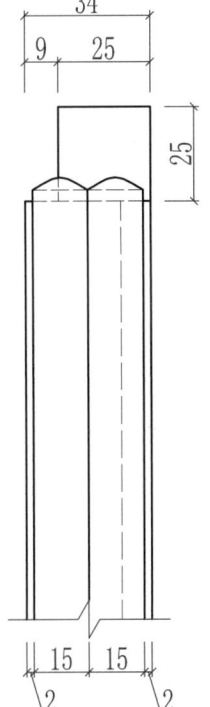

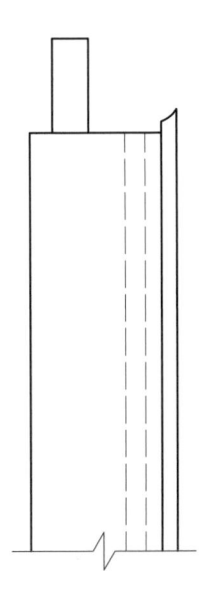

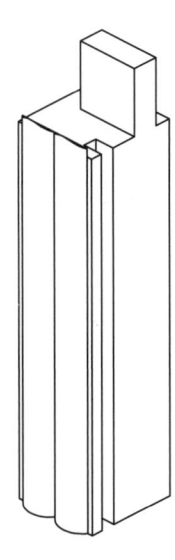

柜帽下垛边
透视图

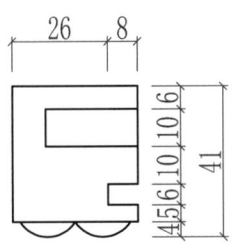

柜帽下垛边三视图

比例: 1：2

3) 家具实例：明式花梨木瓜棱腿圆角柜

柜门和柜腿的
接合之一

明式花梨木瓜棱腿圆角柜—整体图

柜门和柜腿的
接合之一

明式花梨木瓜棱腿圆角柜—细节图

29. 柜门和柜腿的接合之二

1) 基本概念

这是明式圆角柜上最常见的榫卯结构，和上一款瓜棱腿圆角柜的基本结构是一样的（瓜棱腿圆角柜属于个性化造型）。虽然圆角柜的基本形式是一样的，但每个匠师设计的器形还是有差异的。圆角柜器形美不美，关键是各部件料的大小比例及各部件的位置关系是否合理。

2) 应用部位

明式圆角柜柜门。

整体结构示意图

拆分结构示意图

榫卯构造

【榫卯口诀】

器形结构美不美，
关键因素在比例。
基本形式一个样，
匠师设计有差异。

6 柜帽边框大边

5 柜帽下压边条

4 柜门边框大边

7 柜帽边框抹头

1 柜腿

2 柜门门轴

3 柜门面板

整体透视图

◆ 制作要点：

在设计圆角柜时，首先应注意圆角柜四个立面是有挓度的，大部分标准挓度是圆角柜的柜帽和腿的落地点等宽；其次要注意柜门和腿、柜帽的位置关系；至于各部件截面大小的比例，由设计者的喜好而定。

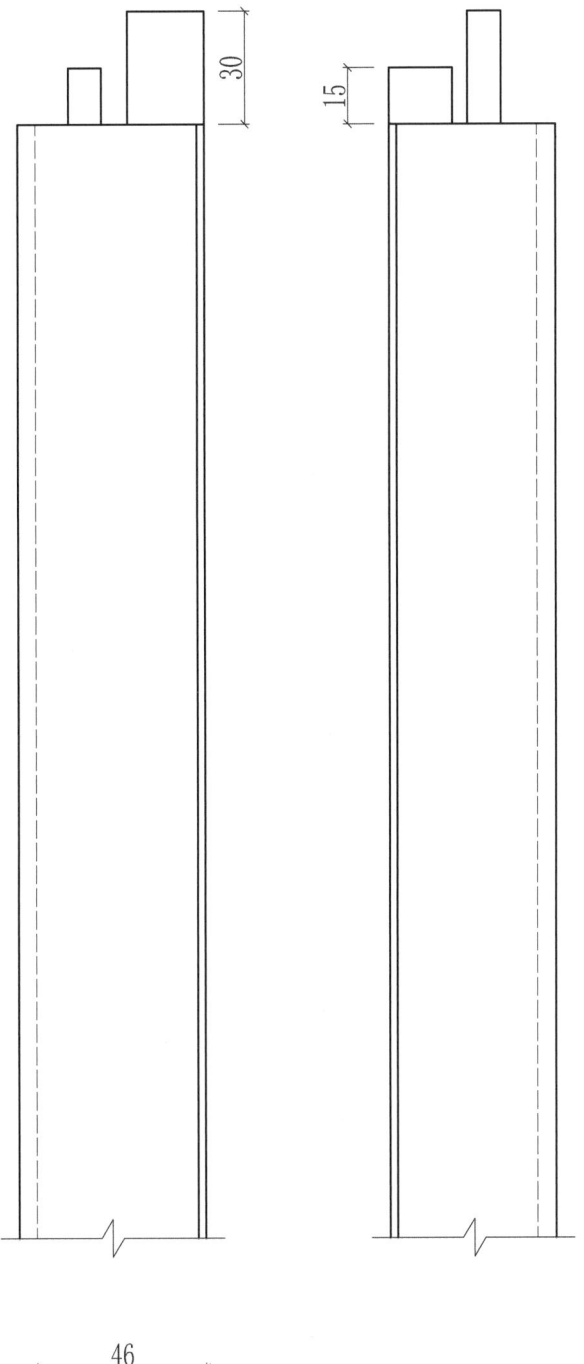

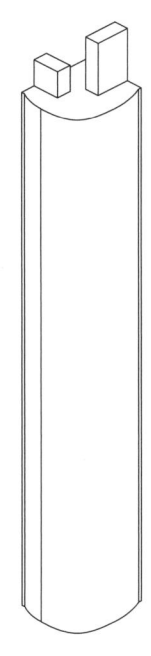

柜腿透视图

柜腿三视图

正视图	左视图
俯视图	

比例: 1 : 2

榫卯构造

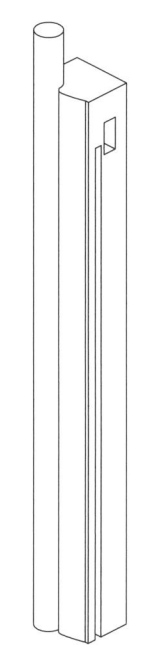

柜门门轴透视图

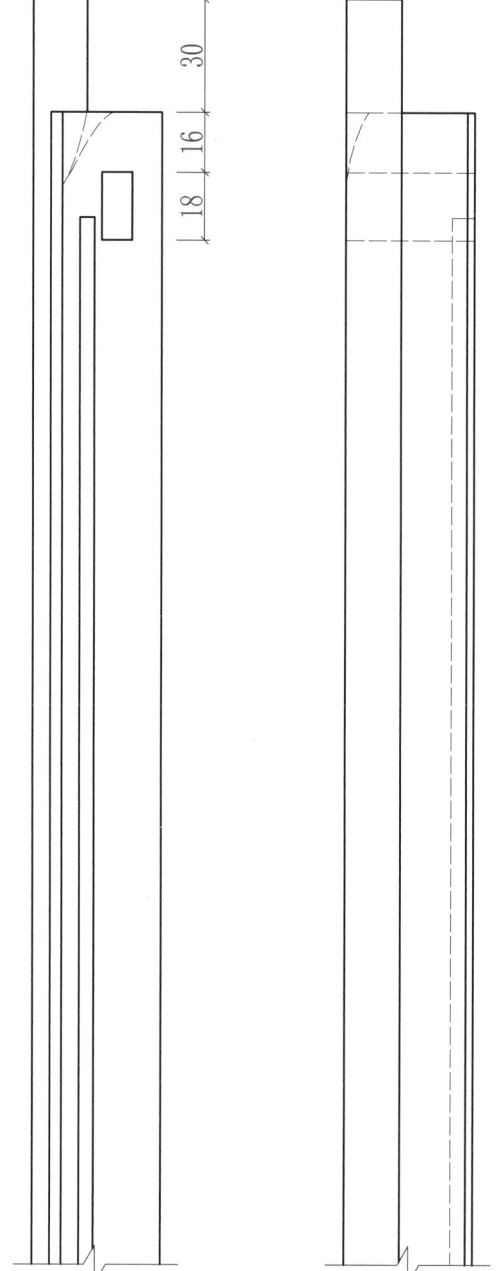

30
16
18

29
35
6

Ø15

5 4 8 8
2/27

柜门门轴三视图

正视图	左视图
俯视图	

比例：1：2

382

柜门面板三视图

正视图 左视图

俯视图

比例: 1 : 2

柜门面板透视图

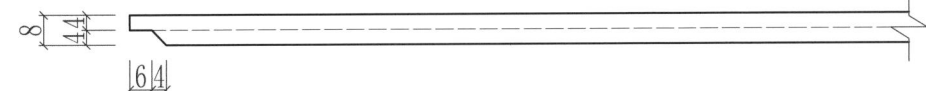

柜门面板三视图

8

44

64

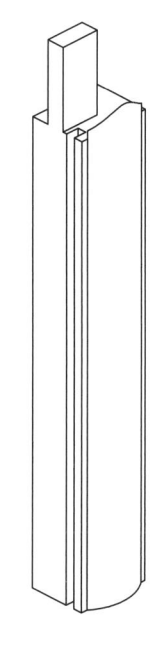

柜门边框大边
透视图

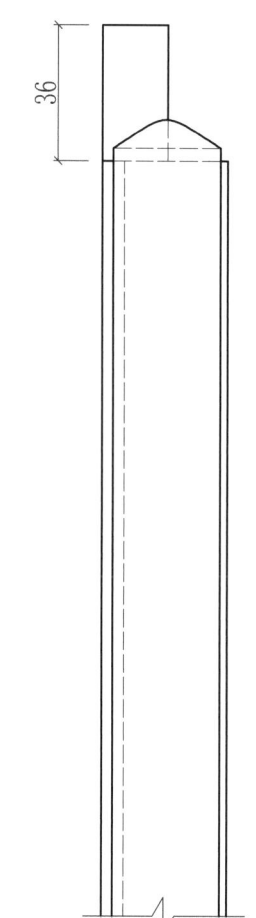

36

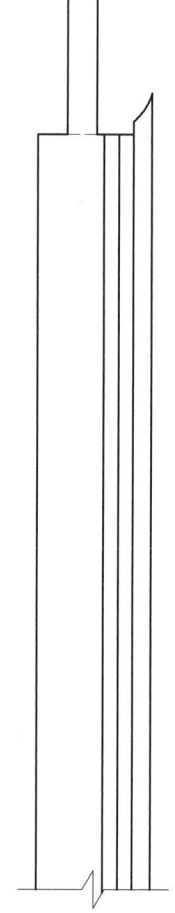

正视图	左视图

俯视图

比例：1：2

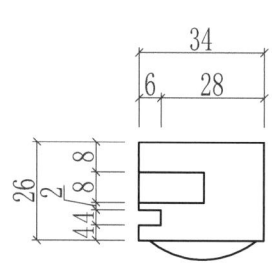

34

6 28

26

2 8 8

4 4

柜门边框大边三视图

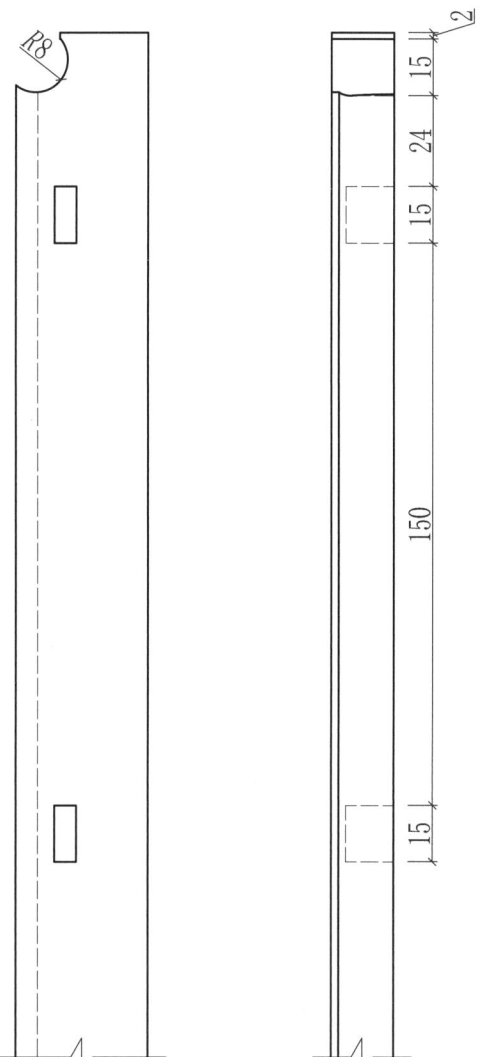

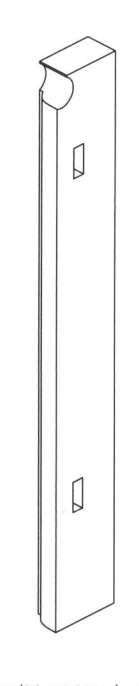

柜帽下压边条
透视图

柜帽下压边条三视图

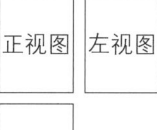

正视图	左视图
俯视图	

比例:1:2

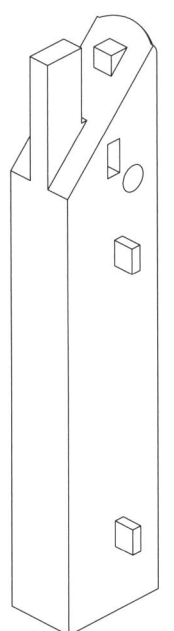

柜帽边框大边
透视图

| 正视图 | 左视图 |

| 俯视图 |

比例：1：2

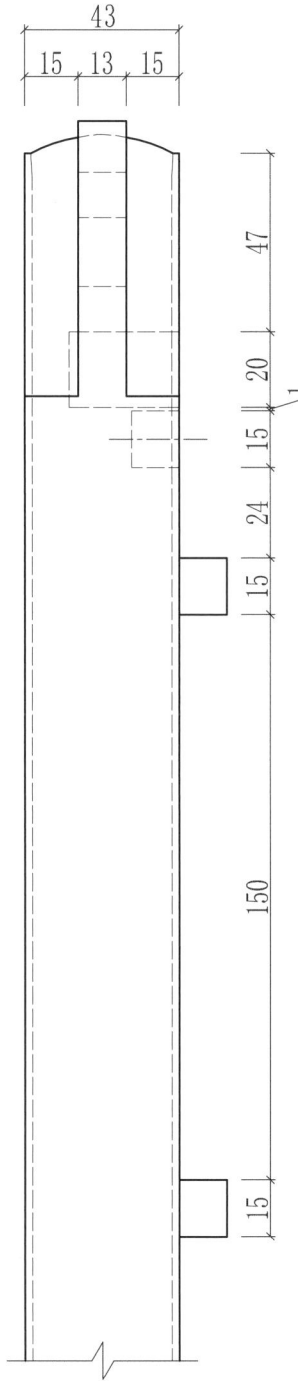

柜帽边框大边三视图

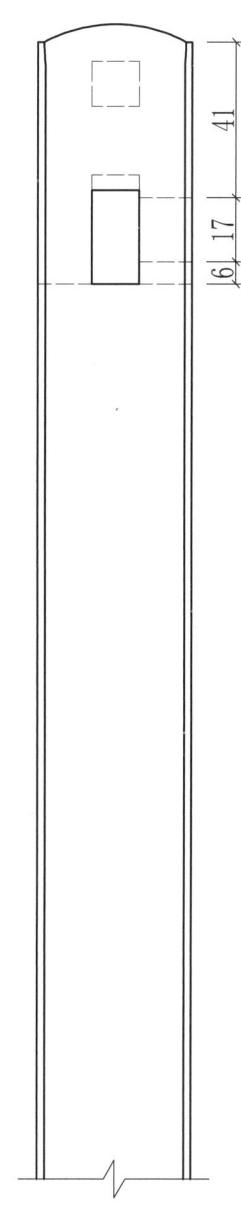

柜帽边框抹头
透视图

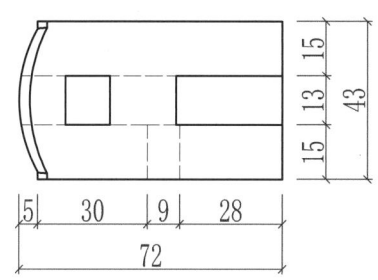

柜帽边框抹头三视图

比例：1：2

3) 家具实例：明式花梨木小圆角柜

柜门和柜腿的接合
之二

明式花梨木小圆角柜—整体图

柜门和柜腿的接合
之二

明式花梨木小圆角柜—细节图

30.彭牙板和腿的接合之一

1) 基本概念

鼓腿彭牙的家具造型，如果牙板和腿用燕尾榫来连接，燕尾榫的方向要和家具面板垂直，只有这样做牙板才好拆装。牙板的外形弧度只能靠增加厚度来实现，如果想省料，靠倾斜度来实现肯定是不行的。因为燕尾榫槽会随着牙板一起倾斜，这样一块牙板上的燕尾榫槽上口和下口的差距会随牙板倾斜度的增大而增大，很难装到腿上，制作起来十分困难。在古典家具的实际制作中，这种结构很少被采用，加工难度大，用料也多，一般都采用无燕尾榫的结构。

2) 应用部位

圆形家具牙板和腿的接合，如圆桌、圆凳、圆几等。

整体结构示意图

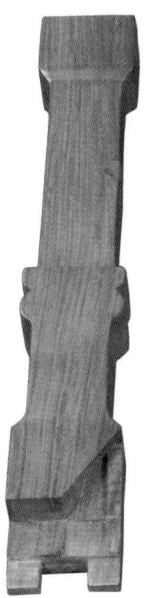
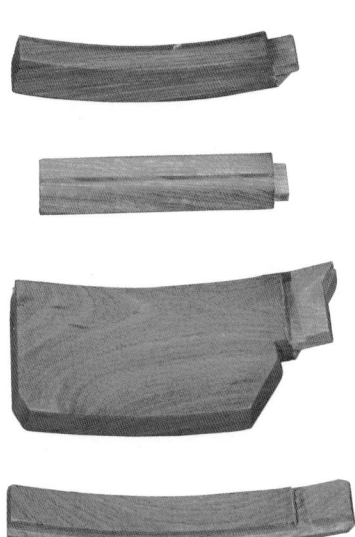
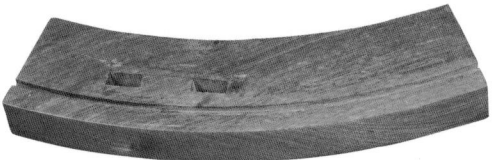

拆分结构示意图

榫卯构造

[榫卯口诀]

部件接合比较难，

榫槽角度难掌握。

构件轮廓是弧面，

弧形榫卯制作难。

整体透视图

3 束腰

4 弧形大边

2 牙板

1 腿子

◆ 制作要点：

在这个结构中，虽然构件外部轮廓是一个弧面，但里侧榫卯接触面是一个平面，制作平面上的燕尾榫、燕尾槽、榫舌和榫槽比较容易。如果里侧榫卯接触面和外部轮廓一样也是弧形，制作榫卯就比较困难了。

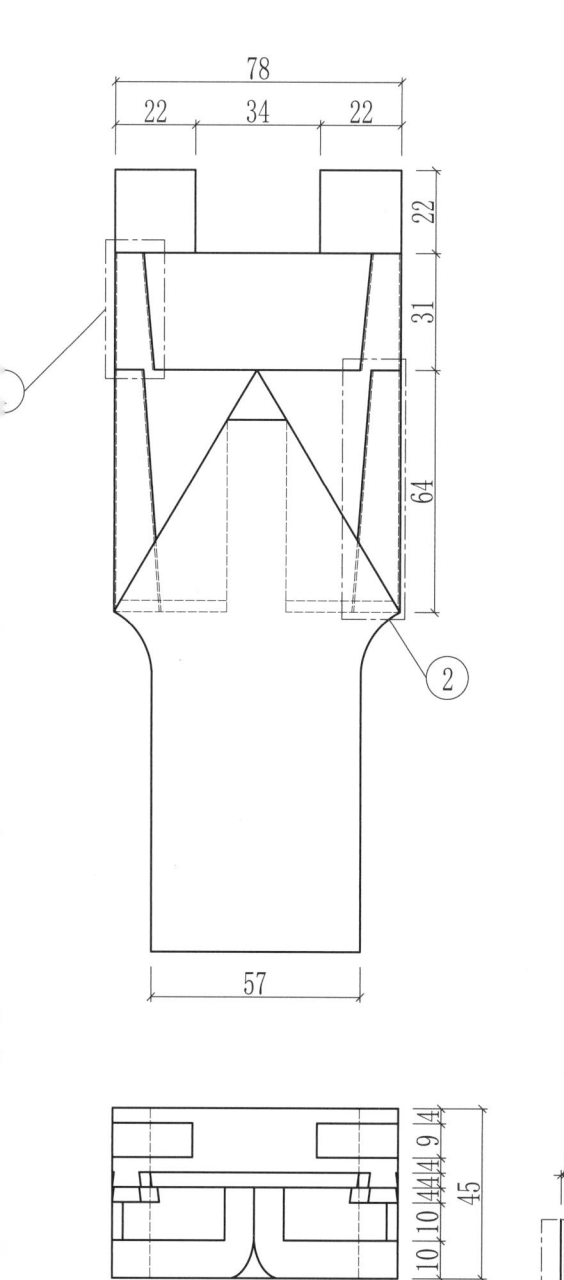

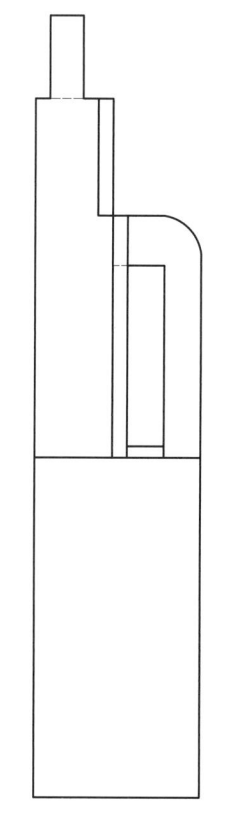

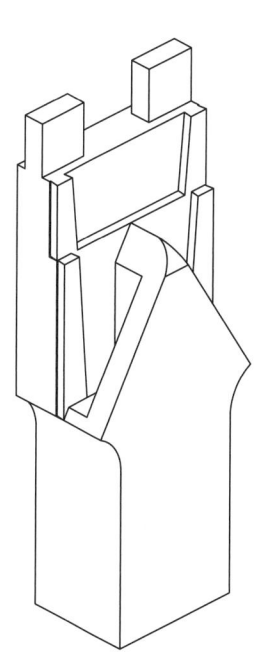

腿子透视图

腿子三视图

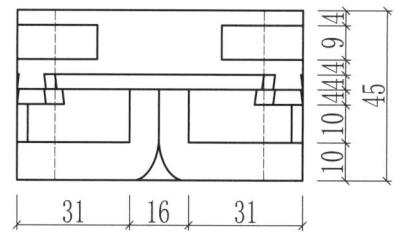

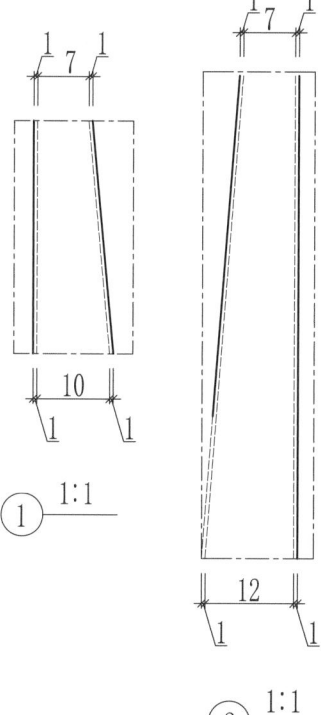

① 1:1

② 1:1

正视图	左视图
俯视图	

比例：1：2

腿子燕尾榫—大样图

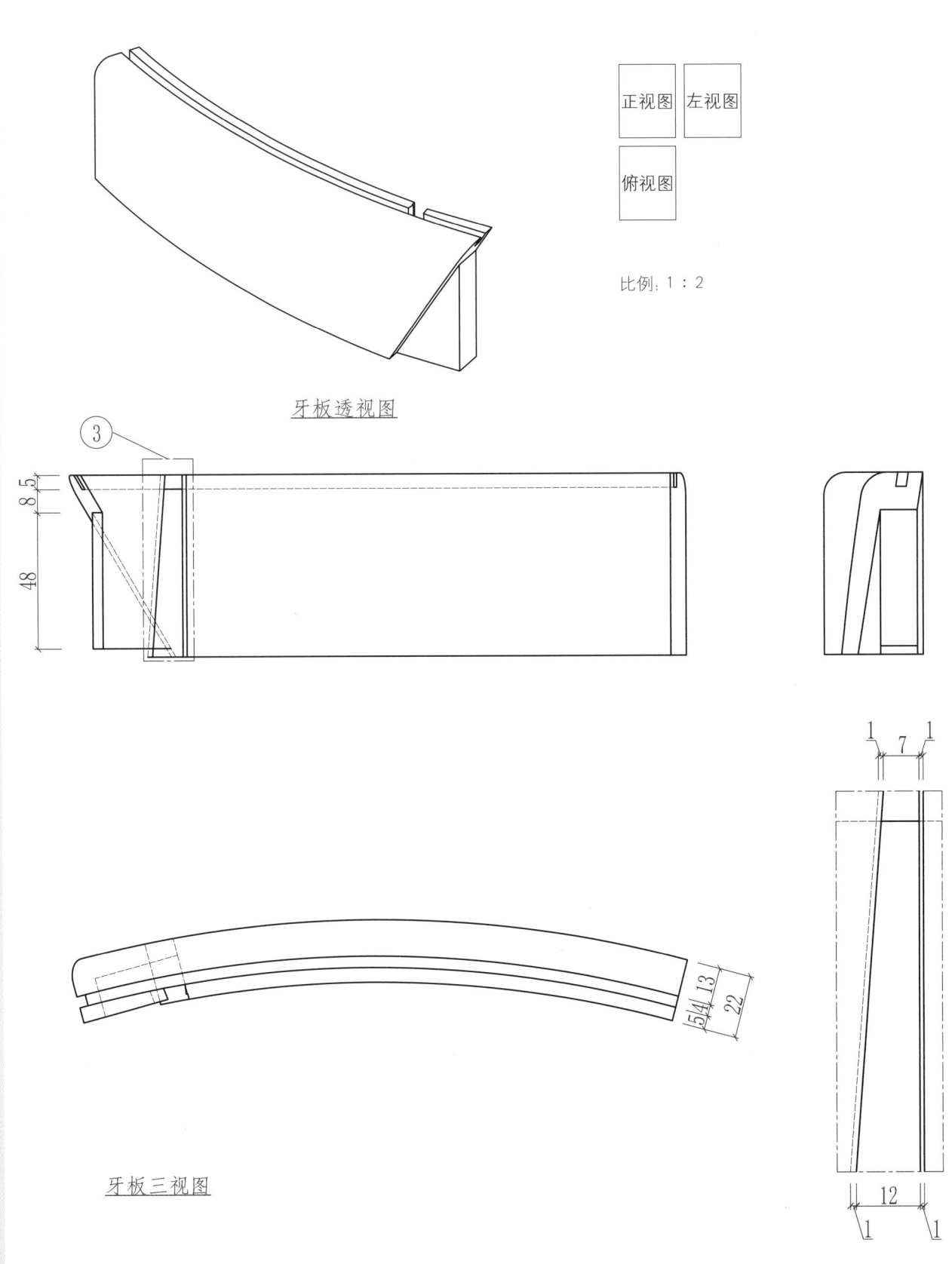

榫卯构造

正视图　左视图

俯视图

比例: 1 : 2

牙板透视图

③

8.5
48

牙板三视图

1
7
1

5 4 13
22

12
1 1

牙板燕尾榫槽—大样图　③　1:1

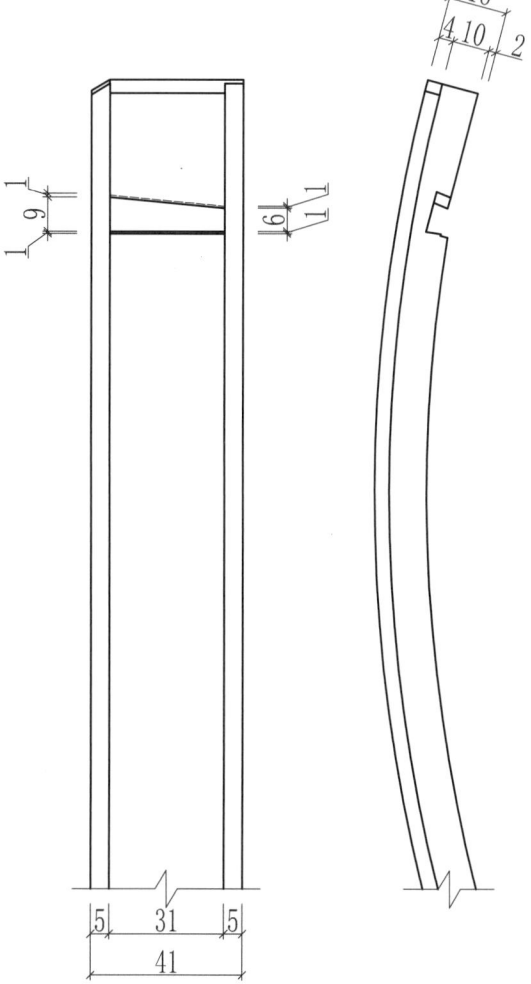

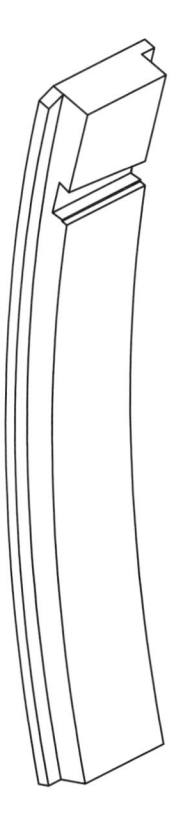

束腰透视图

束腰三视图

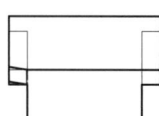

正视图 | 左视图

俯视图

比例: 1 : 2

榫卯构造

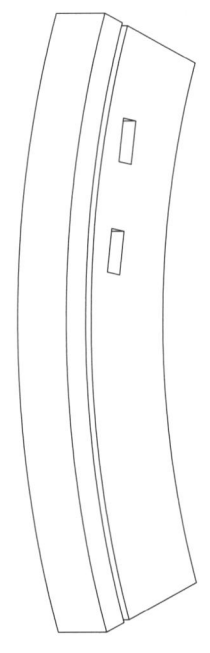

弧形大边透视图

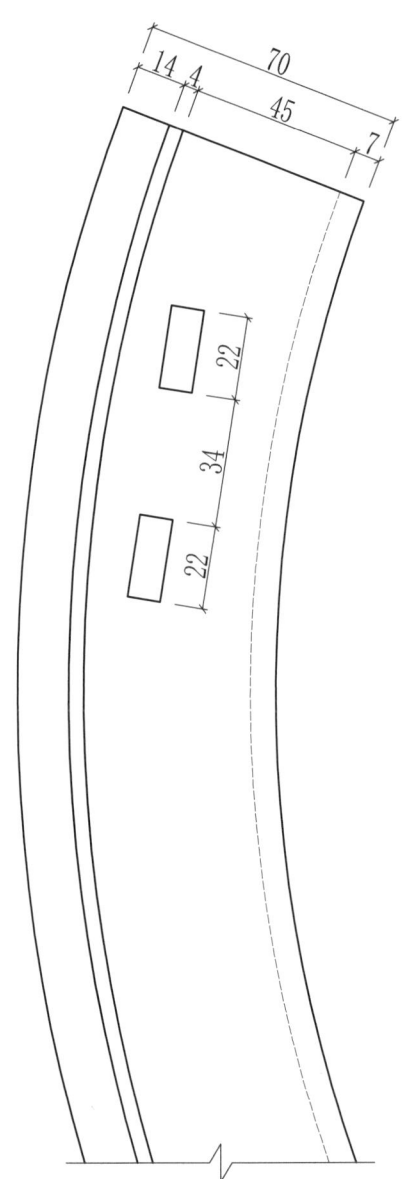

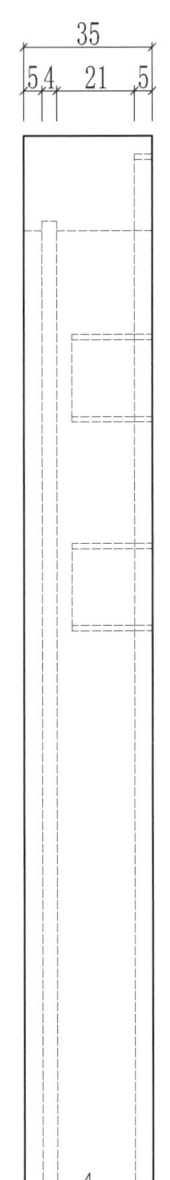

正视图	左视图
俯视图	

比例: 1：2

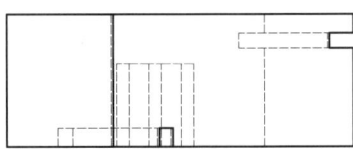

弧形大边三视图

394

3）家具实例：清式花梨木卷草纹六角桌

彭牙板和腿的接合
之一

清式花梨木卷草纹六角桌—整体图

彭牙板和腿的接合
之一

清式花梨木卷草纹六角桌—细节图

图版清单（彭牙板和腿接合
之一）：

整体结构示意图

拆分结构示意图

整体透视图

腿子透视图

牙板透视图

束腰透视图

弧形大边透视图

腿子三视图

牙板三视图

束腰三视图

弧形大边三视图

腿子燕尾榫—大样图

牙板燕尾榫槽—大样图

清式花梨木卷草纹六角桌—
整体图

清式花梨木卷草纹六角桌—
细节图

31. 彭牙板和腿的接合之二

1) 基本概念

此结构和上一款结构相差不大，在牙板的格肩上又增加了一个小的三角榫，以增加连接的牢固性；束腰则没有做出燕尾榫槽，而是以栽榫与边框相连。此结构适合材料更厚的圆形家具，制作起来比上一款简单些。

2) 应用部位

圆形家具牙板和腿的接合，如圆桌、圆凳、圆几等。

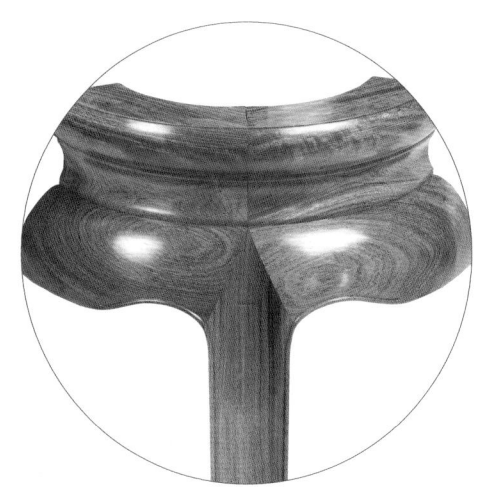

整体结构示意图

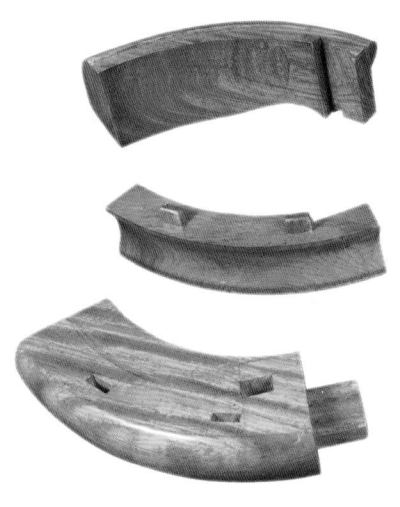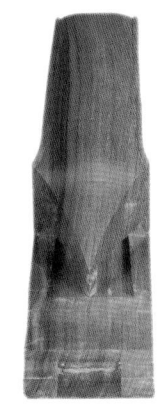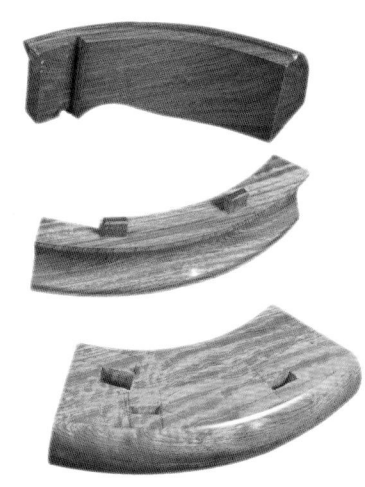

拆分结构示意图

[榫卯口诀]

鼓腿彭牙结构美，

加工困难用料多。

牙板太厚要加榫，

打槽牙板连接稳。

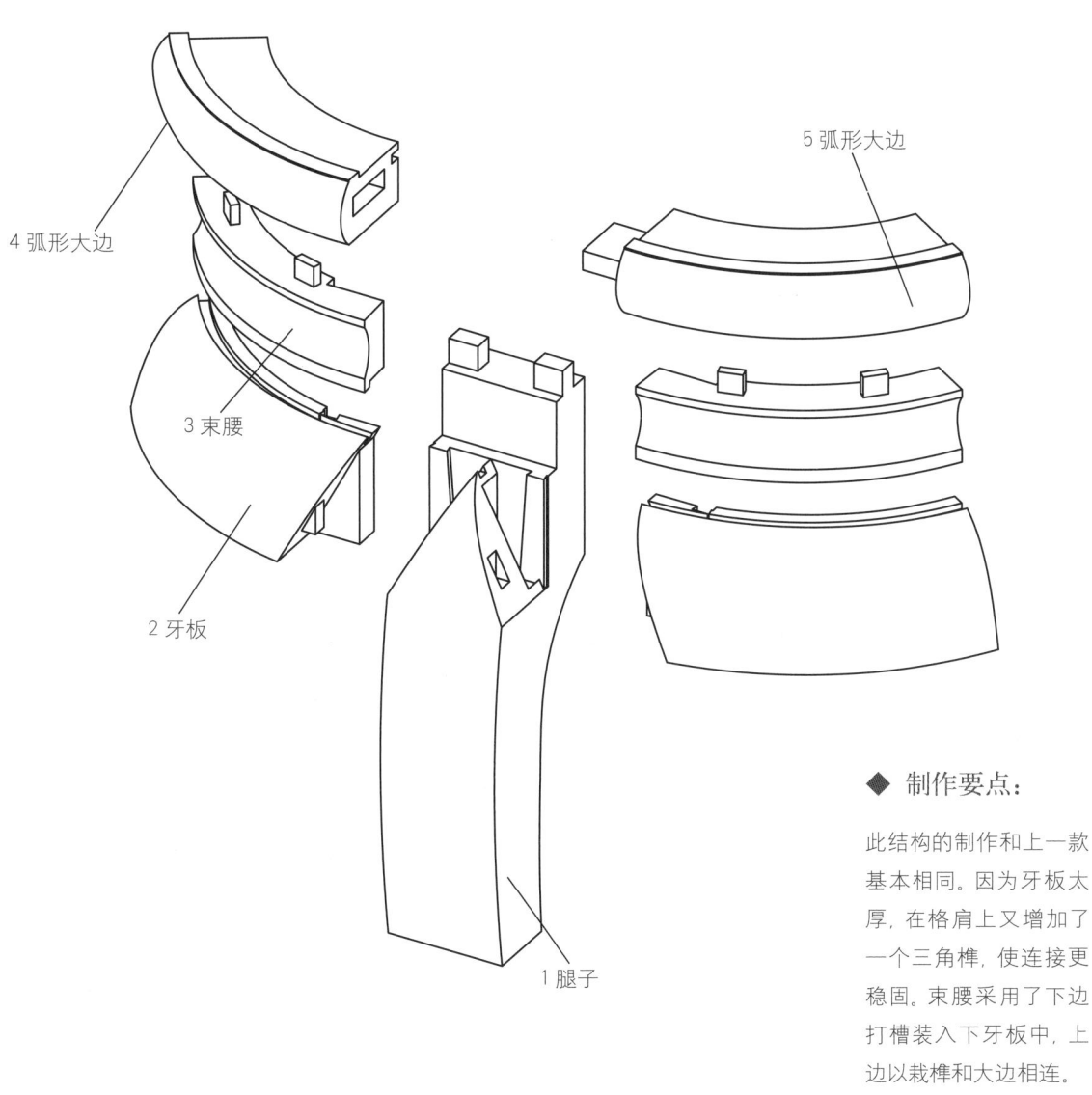

4 弧形大边

3 束腰

2 牙板

1 腿子

5 弧形大边

◆ 制作要点：

此结构的制作和上一款基本相同。因为牙板太厚，在格肩上又增加了一个三角榫，使连接更稳固。束腰采用了下边打槽装入下牙板中，上边以栽榫和大边相连。

整体透视图

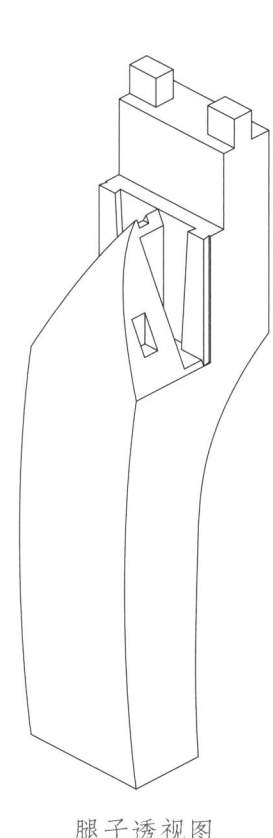

腿子透视图

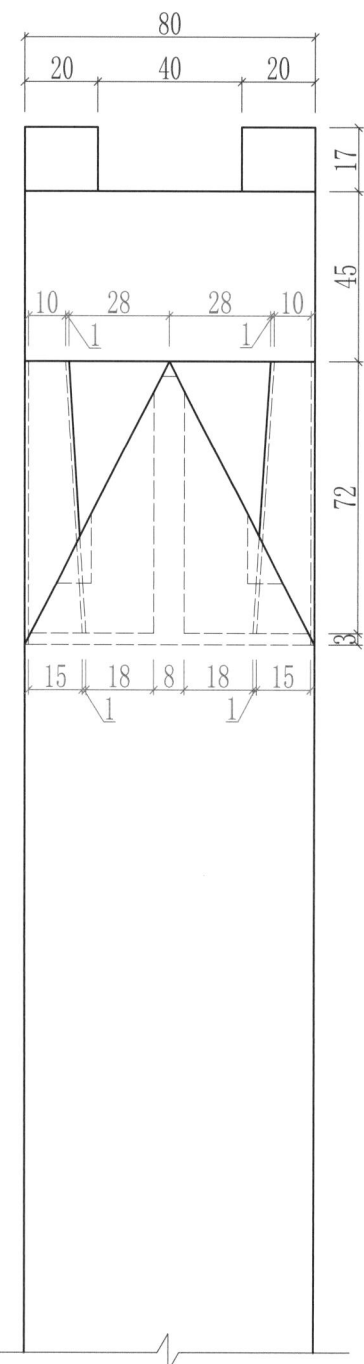

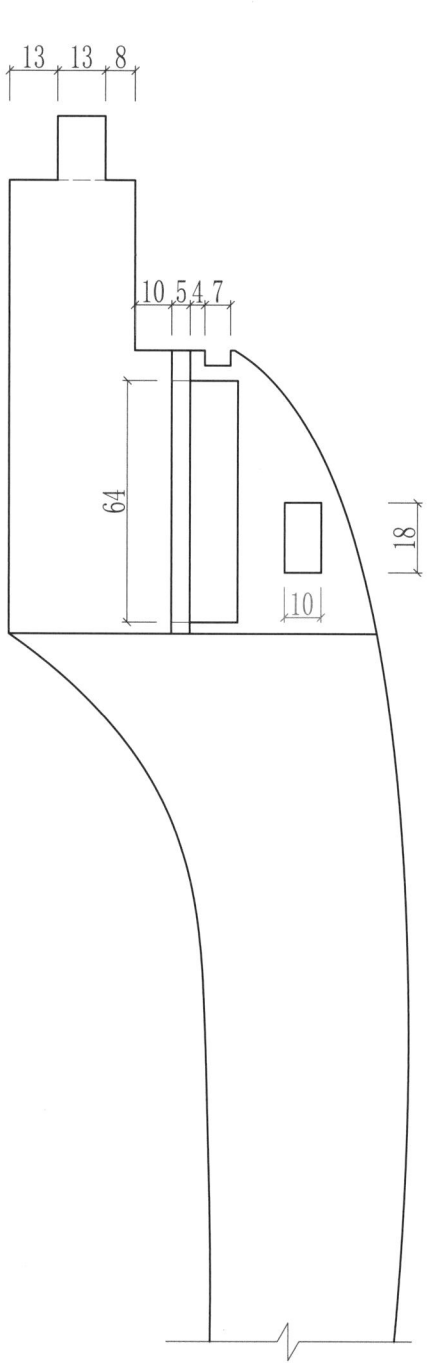

腿子三视图

正视图　左视图

俯视图

比例: 1：2

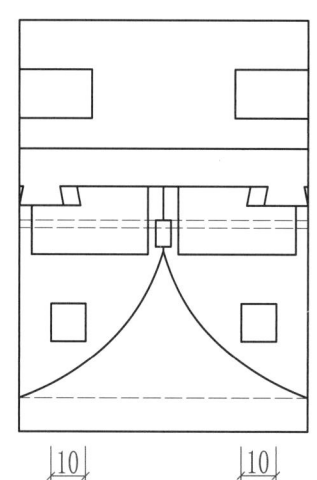

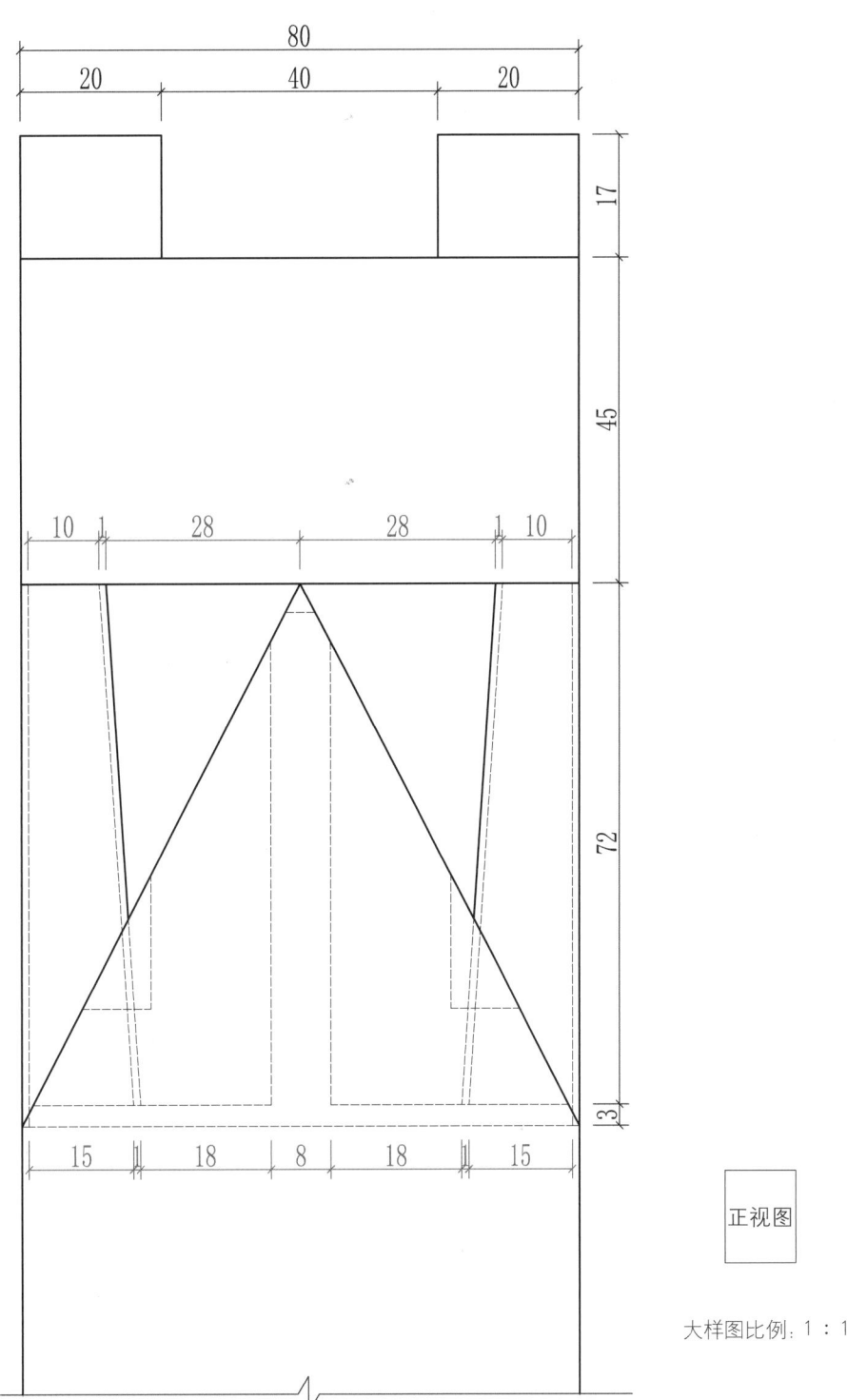

正视图

大样图比例：1：1

腿子正视图—大样图

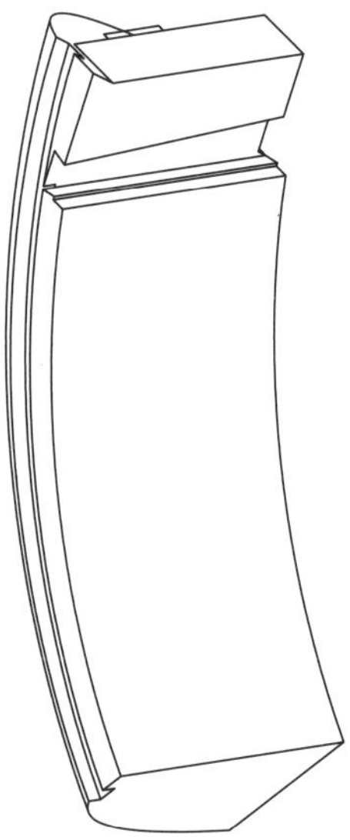

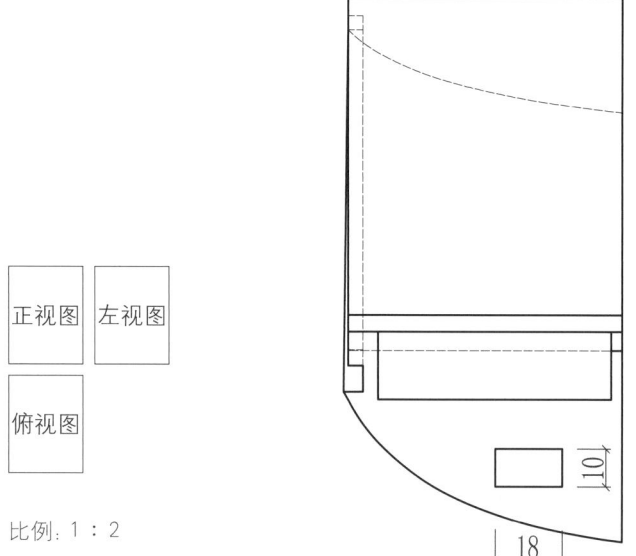

牙板透视图

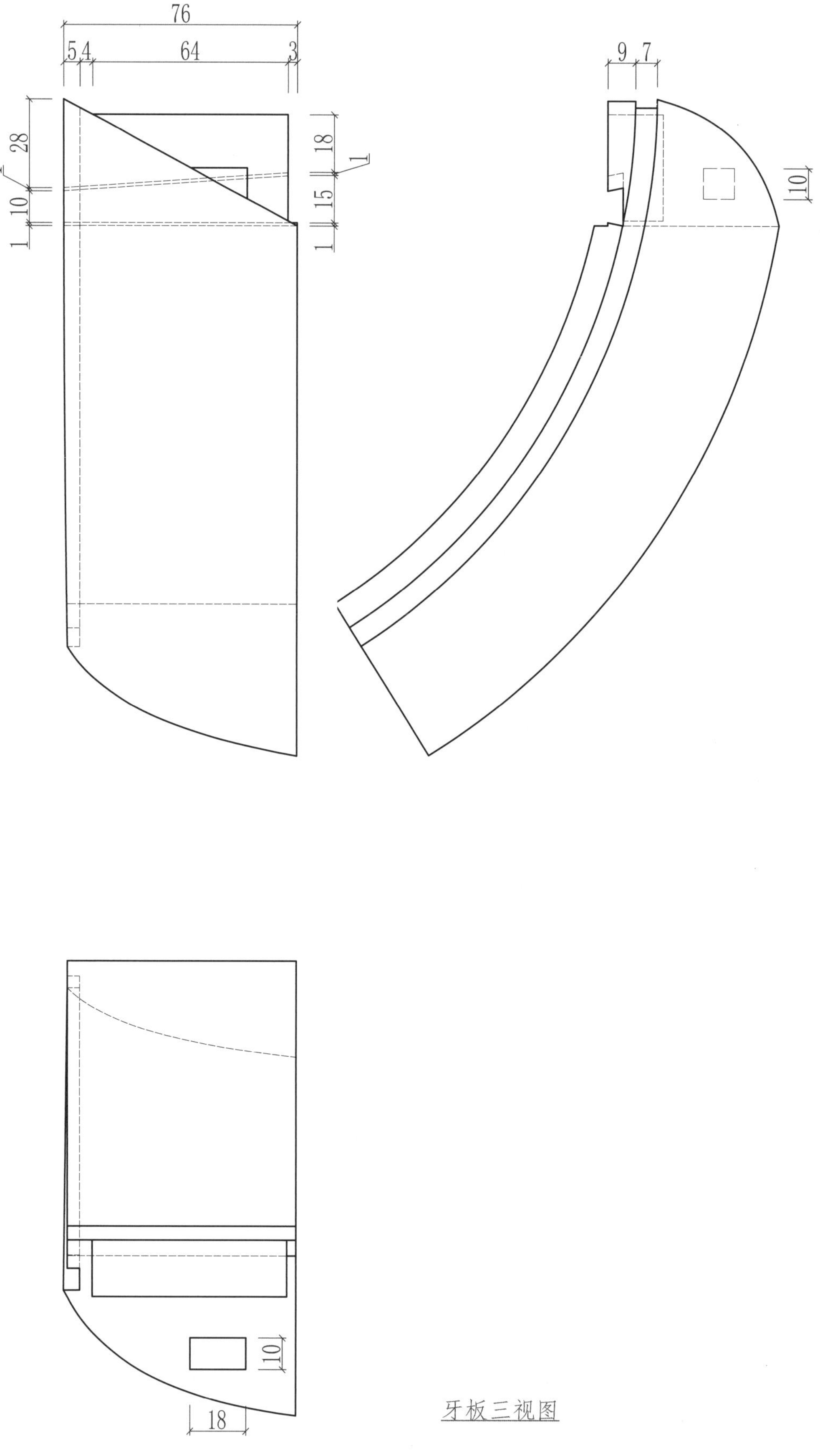

牙板三视图

正视图　左视图

俯视图

比例: 1 : 2

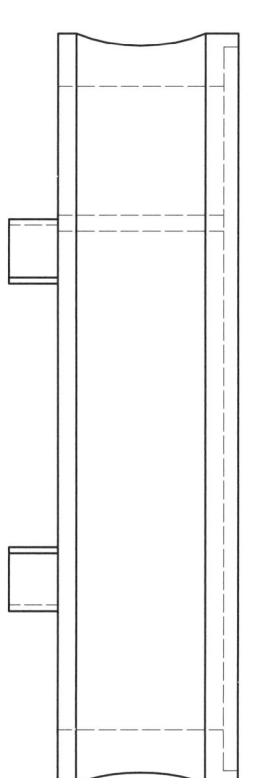

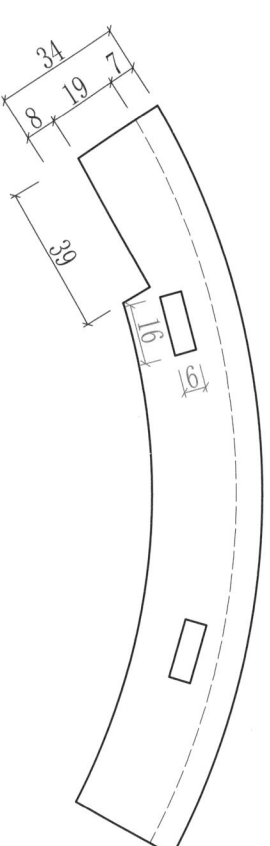

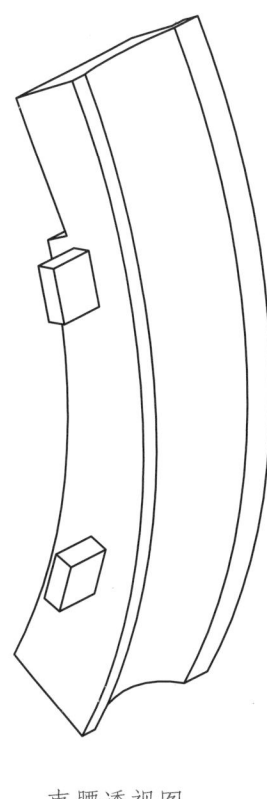

束腰透视图

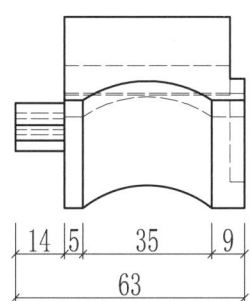

14 5 35 9

63

束腰三视图

正视图	左视图
俯视图	

比例：1：2

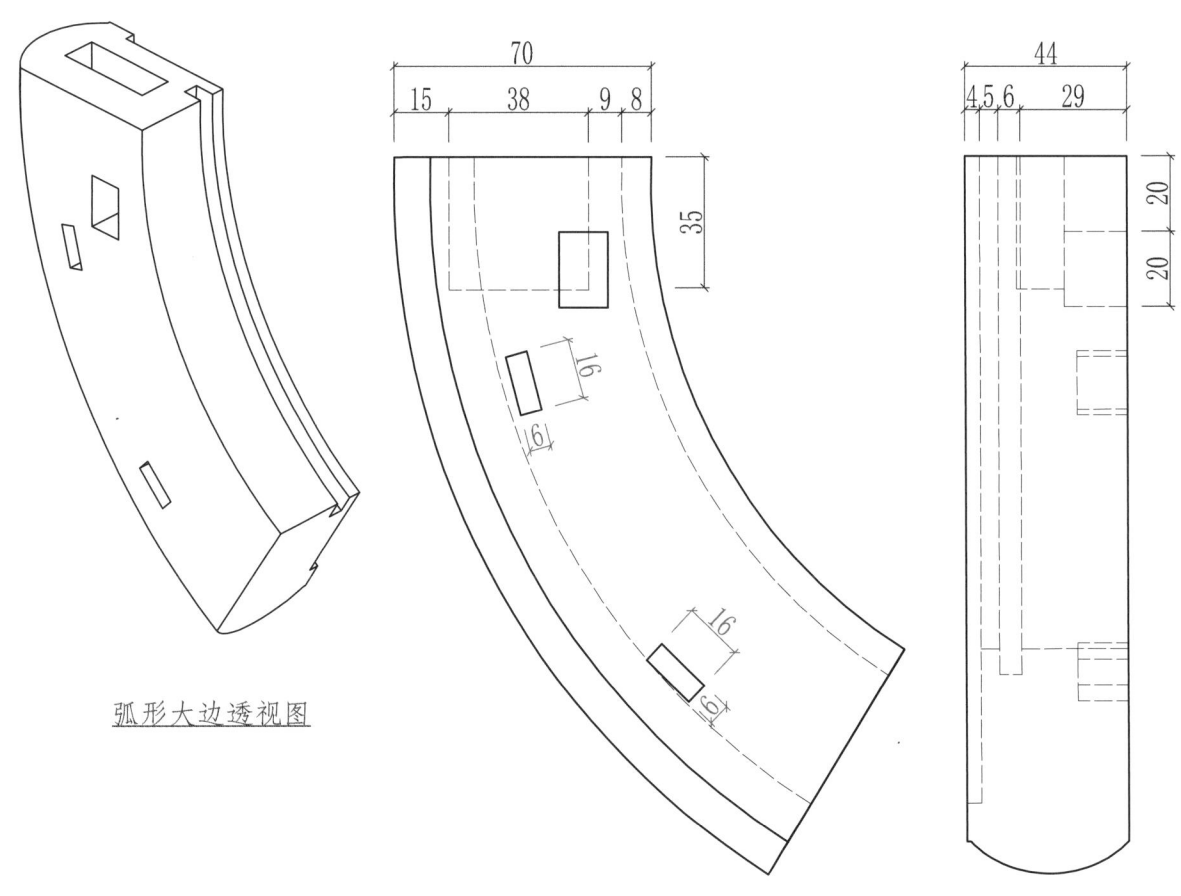

弧形大边透视图

弧形大边三视图

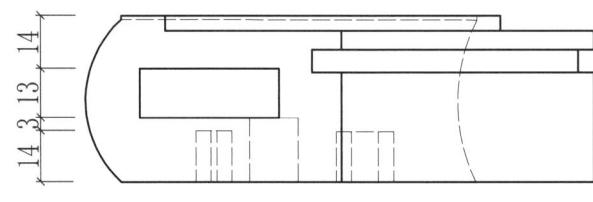

比例：1：2

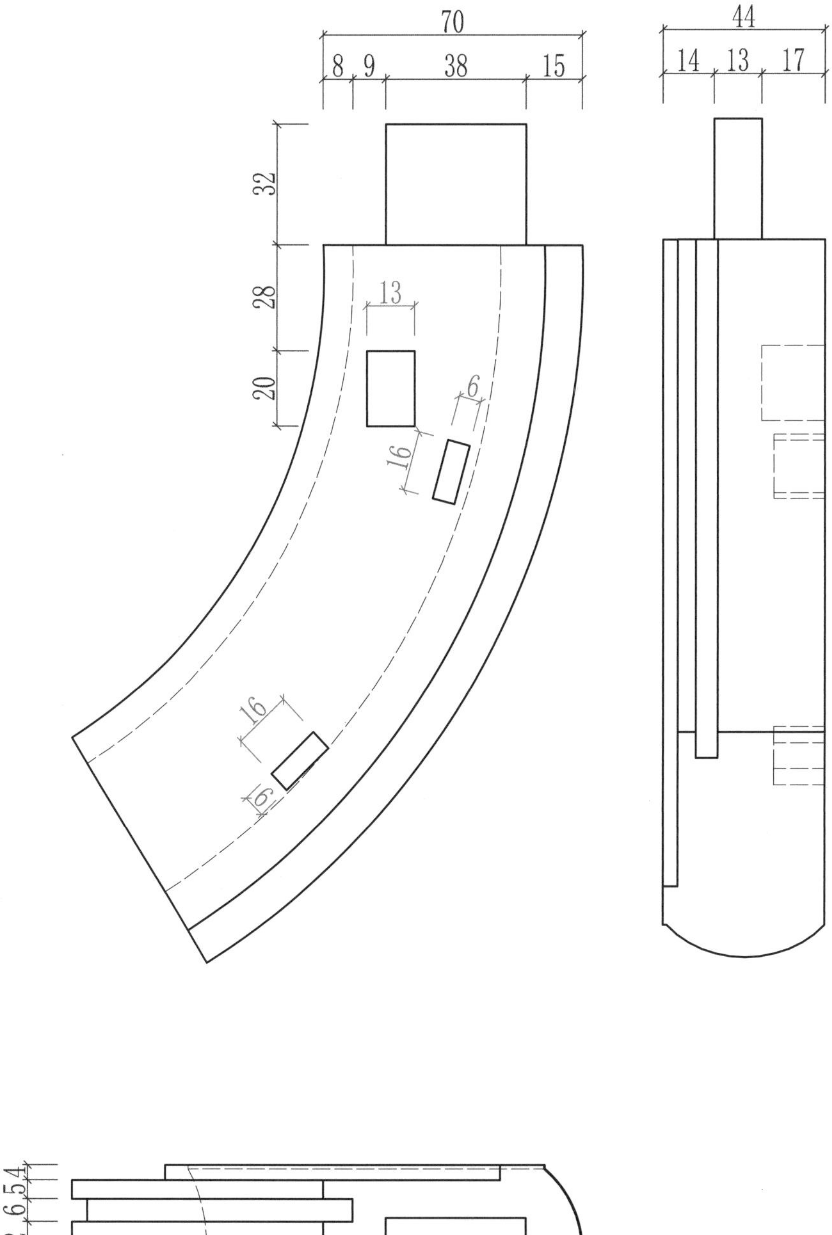

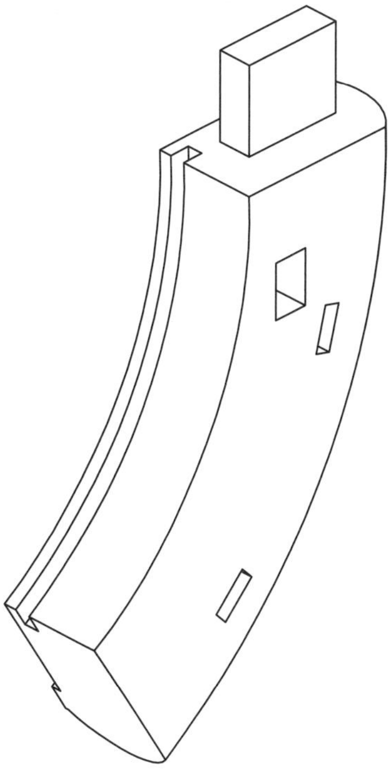

70

8 · 9 · 38 · 15

44

14 · 13 · 17

32

28

20

13

16

6

16

6

弧形大边透视图

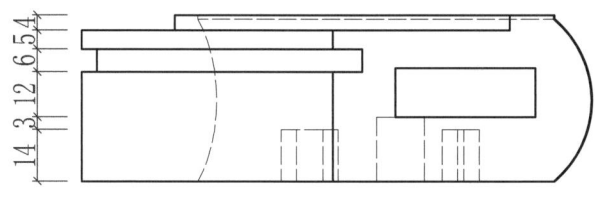

14 · 3 · 12 · 6.5 · 4

弧形大边三视图

正视图	左视图
俯视图	

比例：1：2

403

3）家具实例：明式花梨木五足圆凳

彭牙板和腿
的接合之二

明式花梨木五足圆凳—整体图

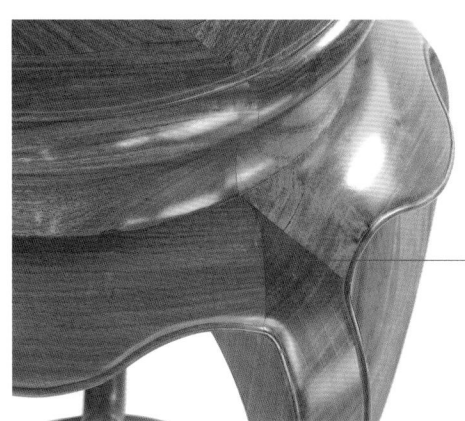

彭牙板和腿
的接合之二

明式花梨木五足圆凳—细节图

32. 彭牙板和腿的接合之三

1）基本概念

彭牙板和腿的接合不好做有很多因素，如角度不好掌握、尺寸算不准、不好刨削等，毕竟榫卯制作没有发展到全部数控加工。实际制作中，可采用"木划"的方法把接缝做严。"木划"就是先固定腿的位置，把彭牙板每个对号入座，采用逐一试装的方法把牙板和腿的接缝做严。在此结构中，连接主要还是靠胶粘，圆销的作用不是很大。在古典家具制作中，很多类似家具的牙板连圆销都不做，纯用胶粘，很容易损坏。

2）应用部位

圆形家具牙板和腿的接合，如圆桌、圆凳、圆几等。

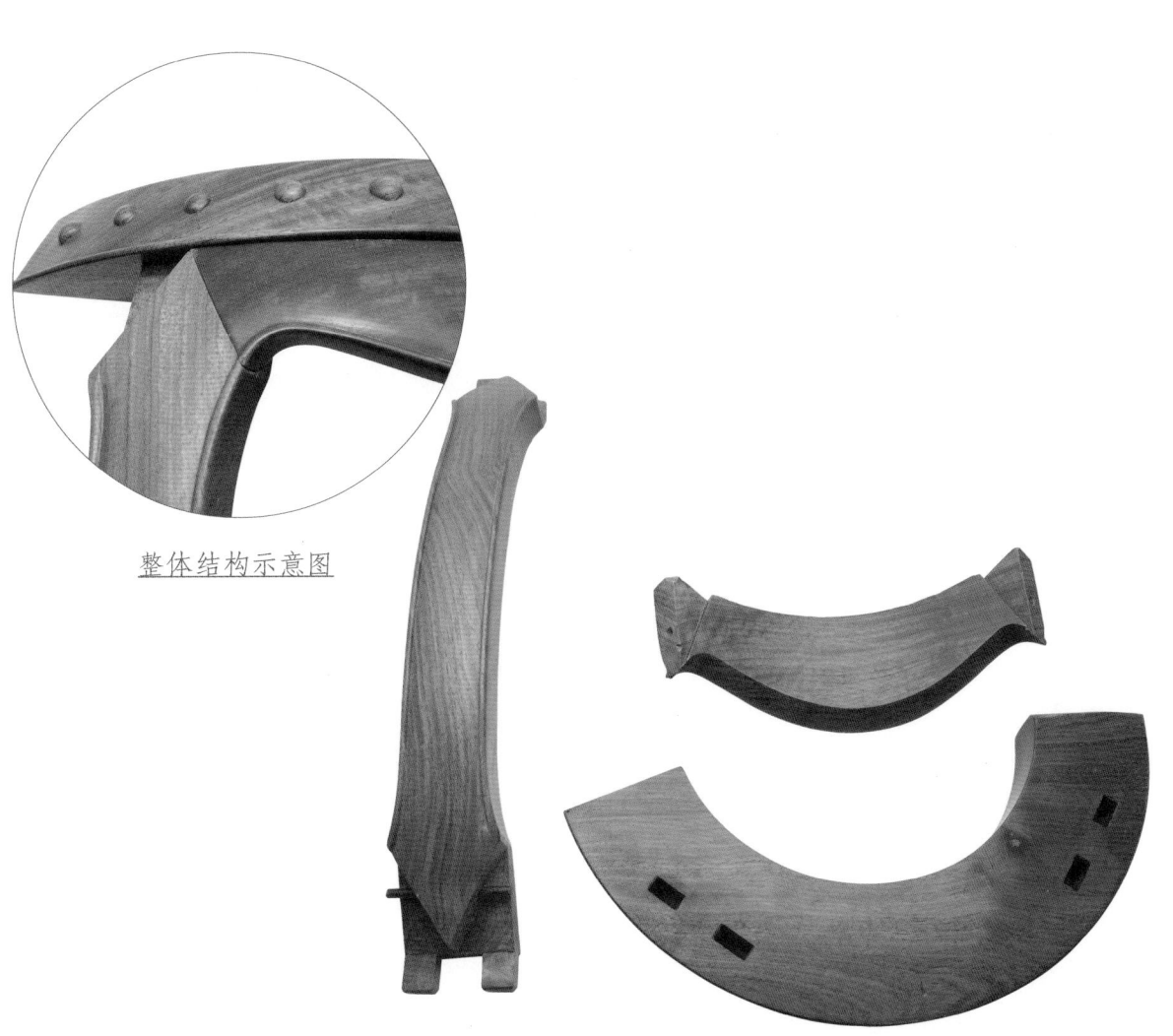

整体结构示意图

拆分结构示意图

榫卯构造

[榫卯口诀]

接缝做严用木划，
圆销穿入牙板内。
内侧对应挖斜口，
两销更比一销牢。

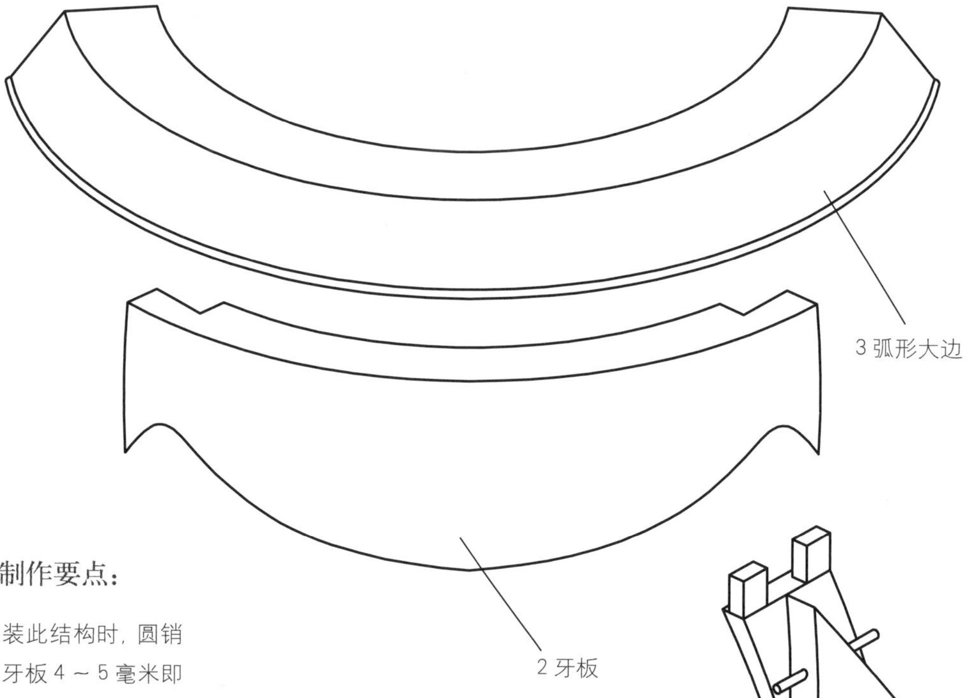

3 弧形大边

◆ 制作要点：

在组装此结构时，圆销穿入牙板 4 ~ 5 毫米即可。在装到最后一块牙板时，圆销的长度只能做到 2 毫米，牙板的内侧对应圆销的位置挖一个斜口，用一定的压力把牙板压到位。

每根腿上也可以做两根圆销，这样做比一根圆销连接得更牢固。

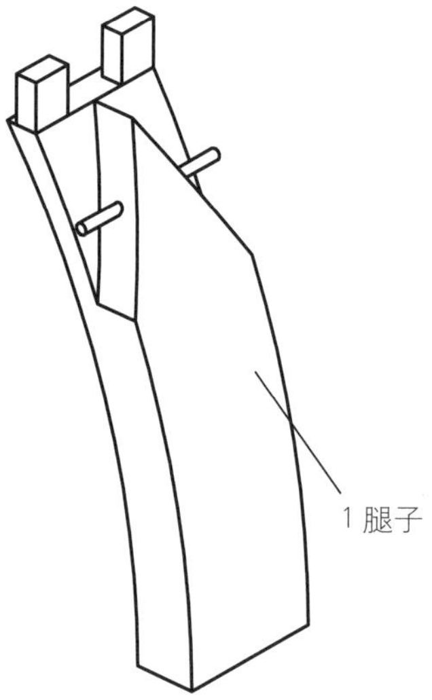

2 牙板

1 腿子

整体透视图

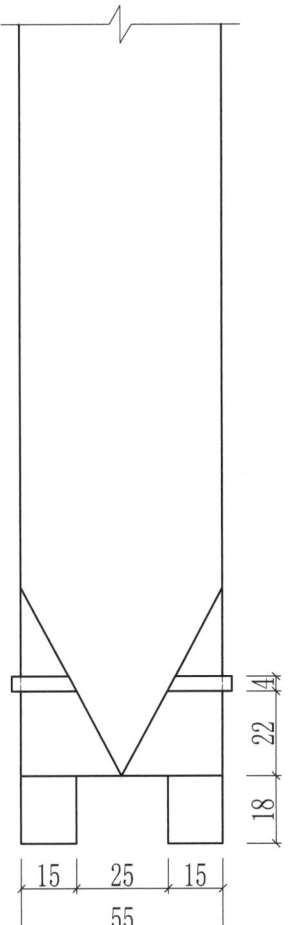

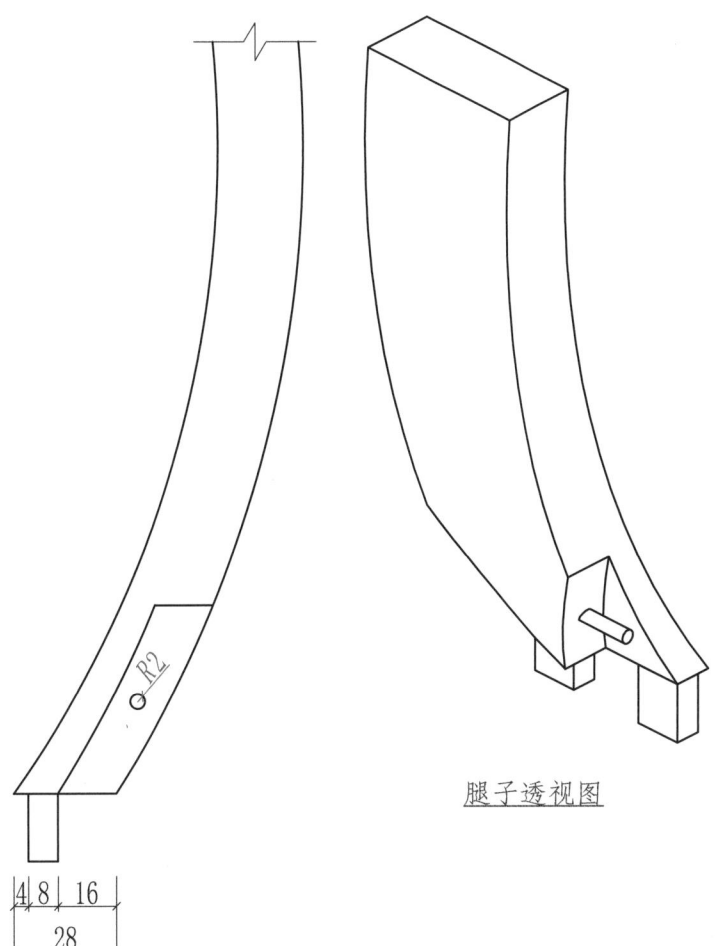

腿子透视图

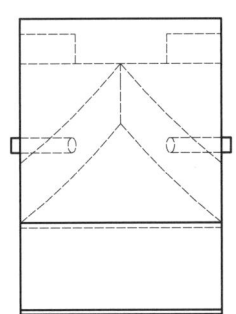

腿子三视图

| 正视图 | 左视图 |

| 俯视图 |

比例: 1：2

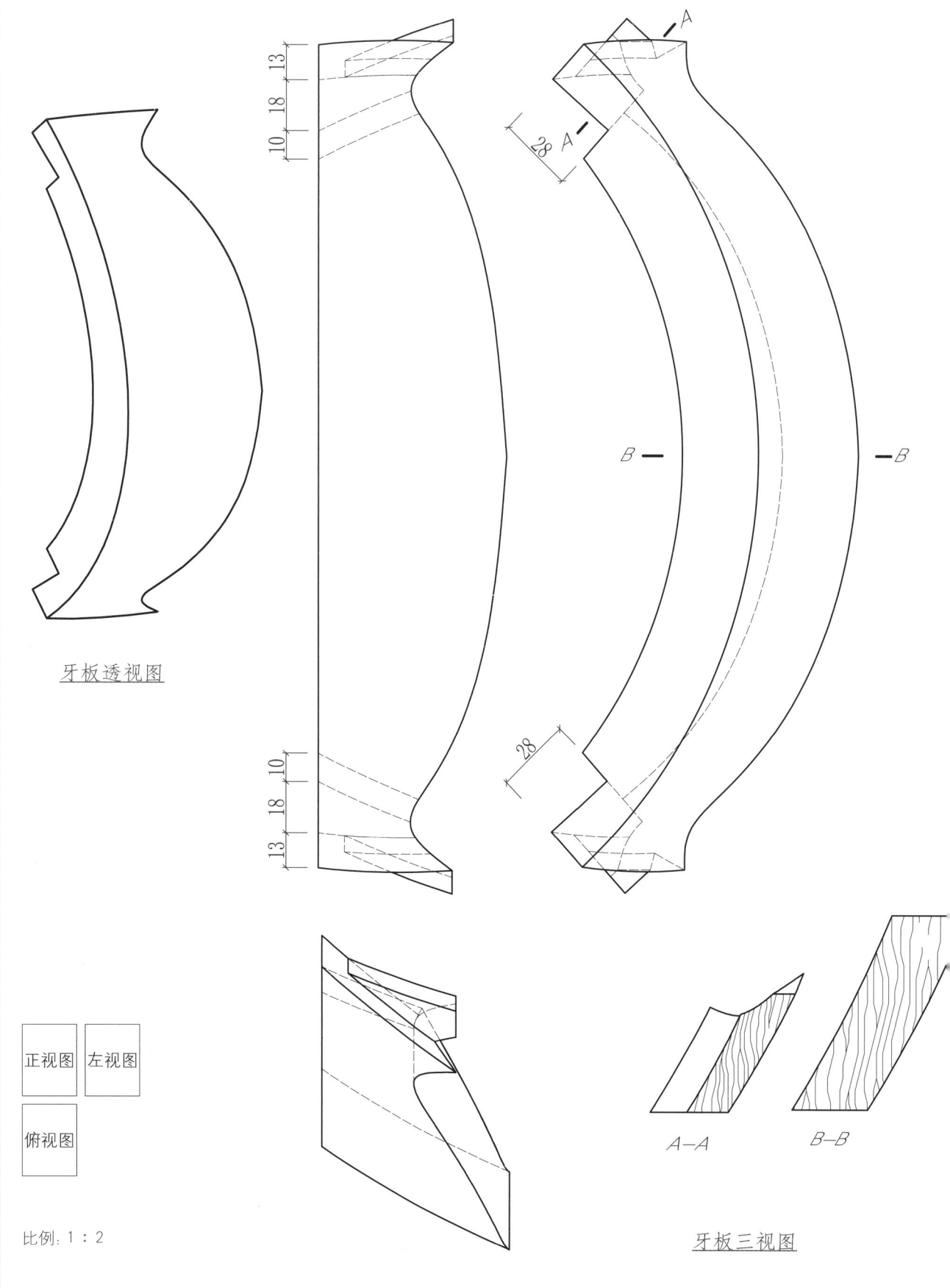

牙板透视图

正视图　左视图

俯视图

比例: 1：2

牙板三视图

A—A　　B—B

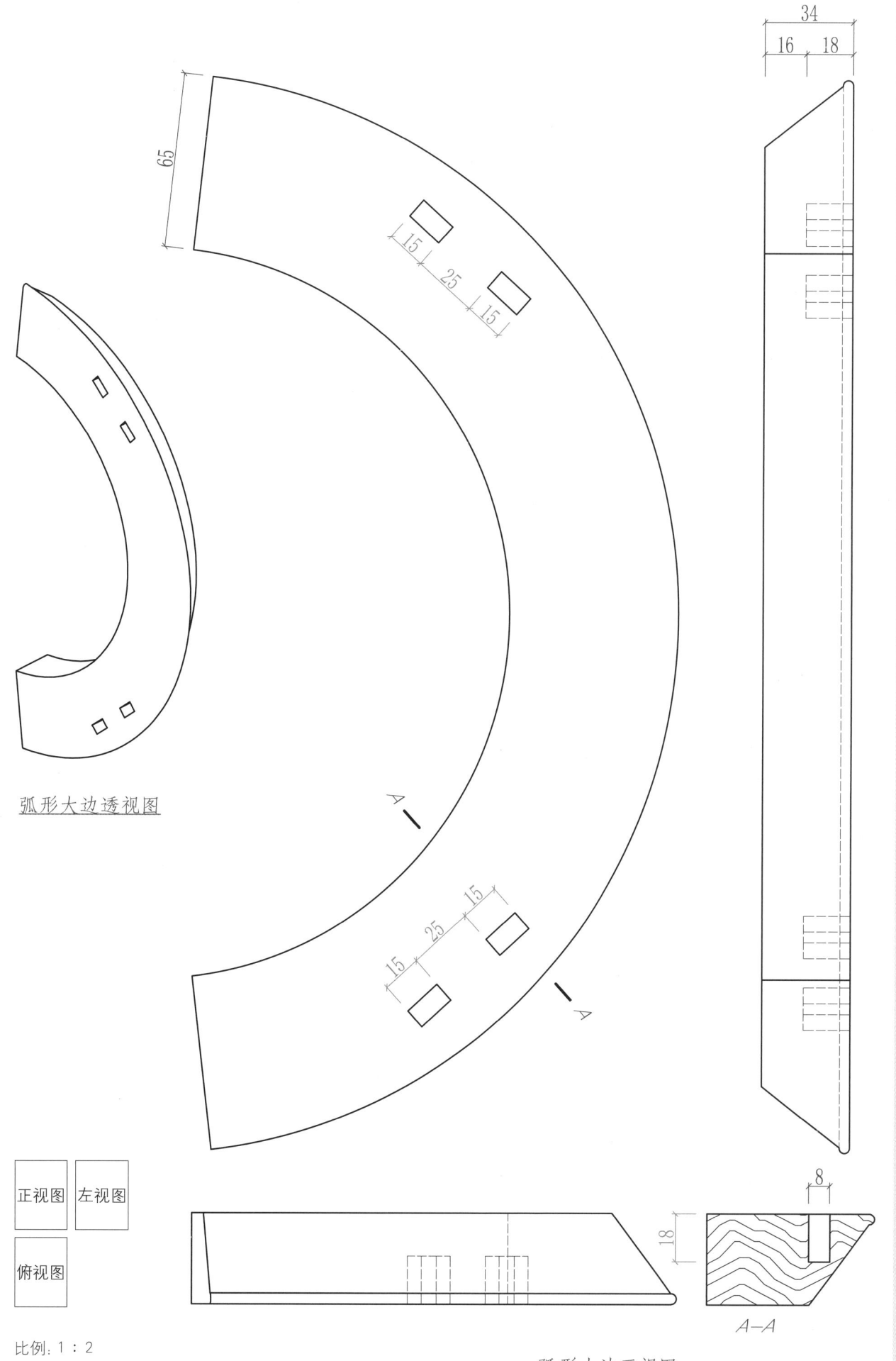

弧形大边透视图

34
16 18

65

15
25
15

A—A

A—A

15
25
15

正视图 左视图

俯视图

8

18

A—A

比例：1：2

弧形大边三视图

409

3）家具实例：清式花梨木圆桌六件套

彭牙板和腿
的接合之三

清式花梨木圆桌六件套—整体图

彭牙板和腿
的接合之三

清式花梨木圆桌六件套—细节图

33.彭牙板和腿的接合之四

1）基本概念

彭牙板和腿用燕尾榫接合虽然讲究，但有的圆形家具通过加厚腿和牙板来做出轮廓的弧度又很笨拙，没有秀气感。因此，小的圆形家具上，牙板和腿接合都不做燕尾榫，而采用另一种实用做法：即在牙板上格一个三角榫头，在腿上相应地做一个三角槽。

2）应用部位

小型圆形家具牙板和腿的接合，如圆凳、墩等。

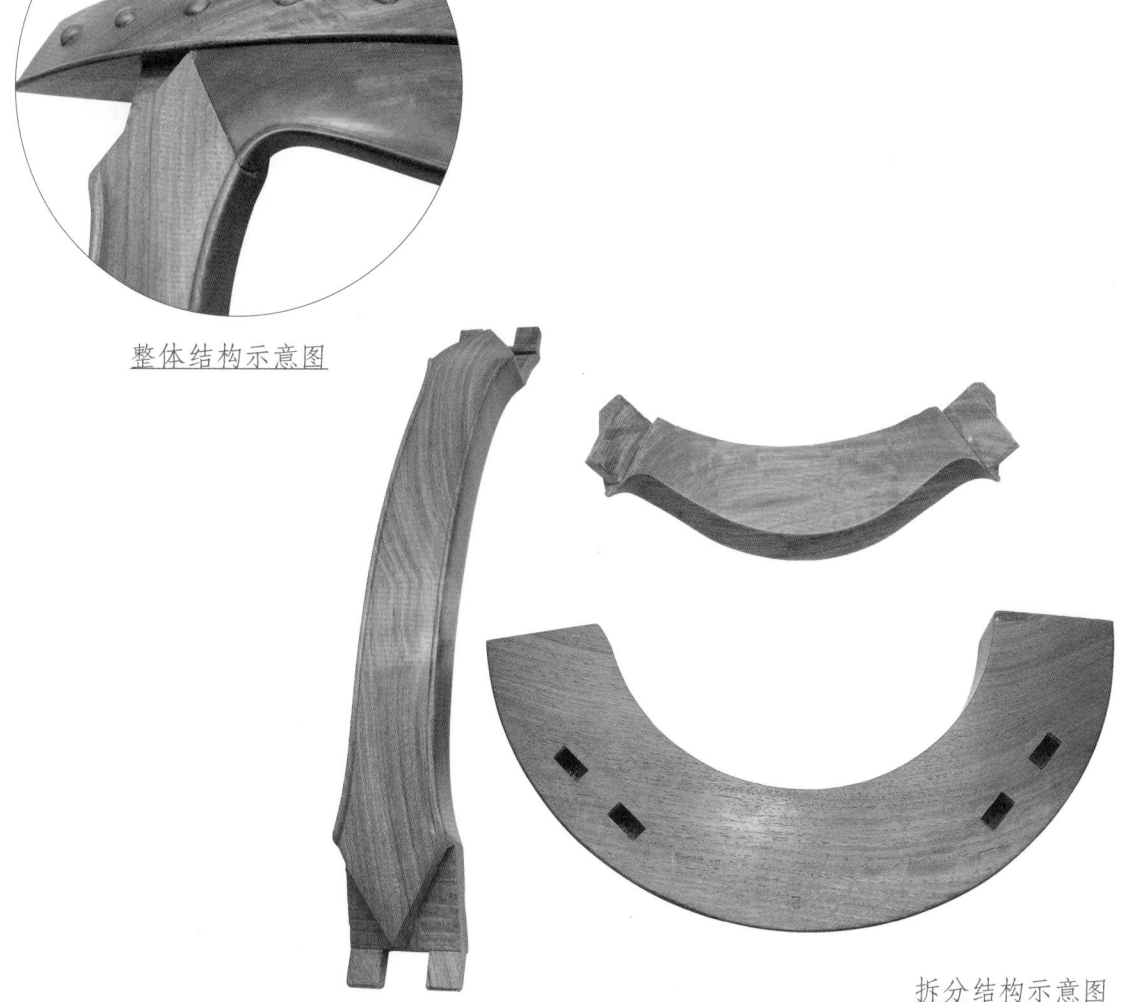

整体结构示意图

拆分结构示意图

榫卯构造

[榫卯口诀]

手工计算要精确，

多留一点有余量。

木划方法多尝试，

接合起来缝隙严。

3 弧形大边

2 牙板

1 腿子

整体透视图

◆ 制作要点：

手工制作此结构时，部件的大小要比计算的尺寸多留一点点余量，以"木划"的方法多次试装才能使接缝严密，毕竟不是数控机床加工。

412

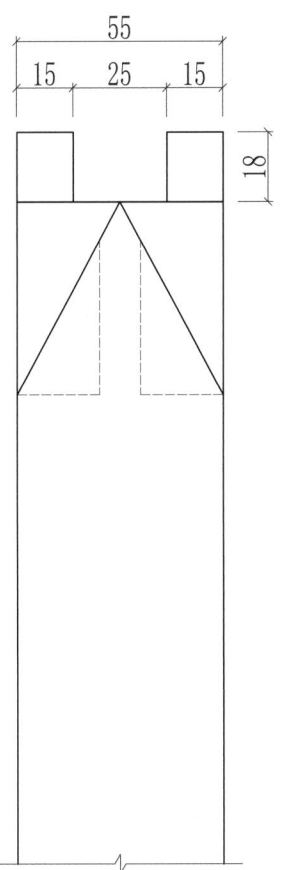

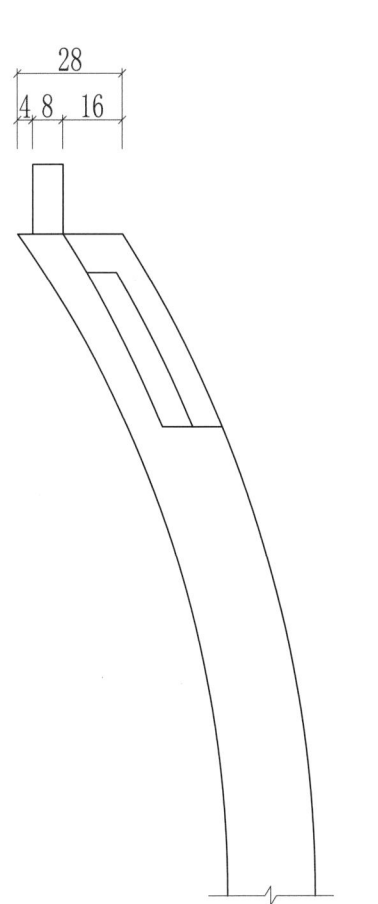

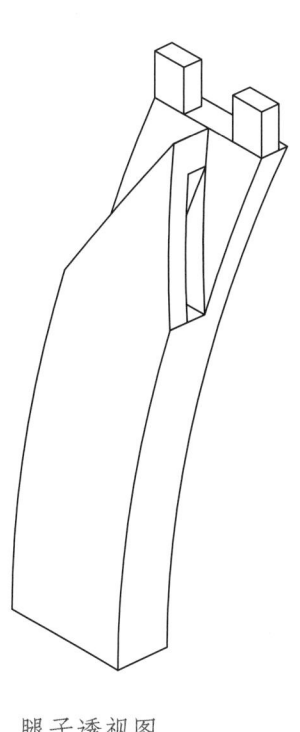

腿子透视图

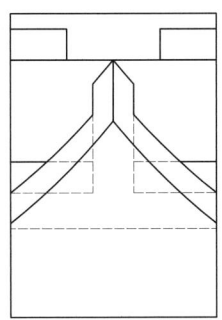

腿子三视图

| 正视图 | 左视图 |
| 俯视图 | |

比例：1：2

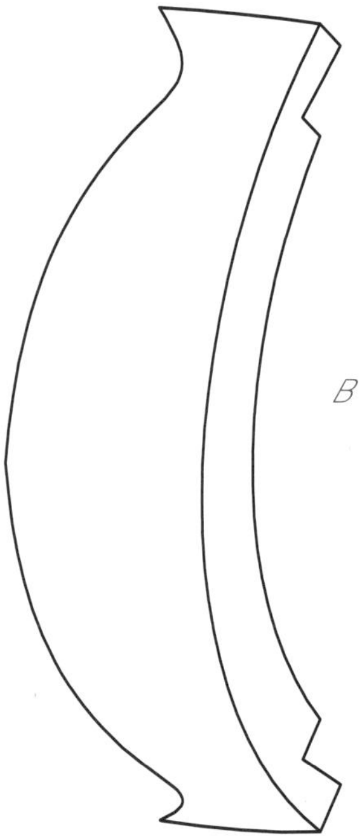

牙板三视图

牙板透视图

28

28

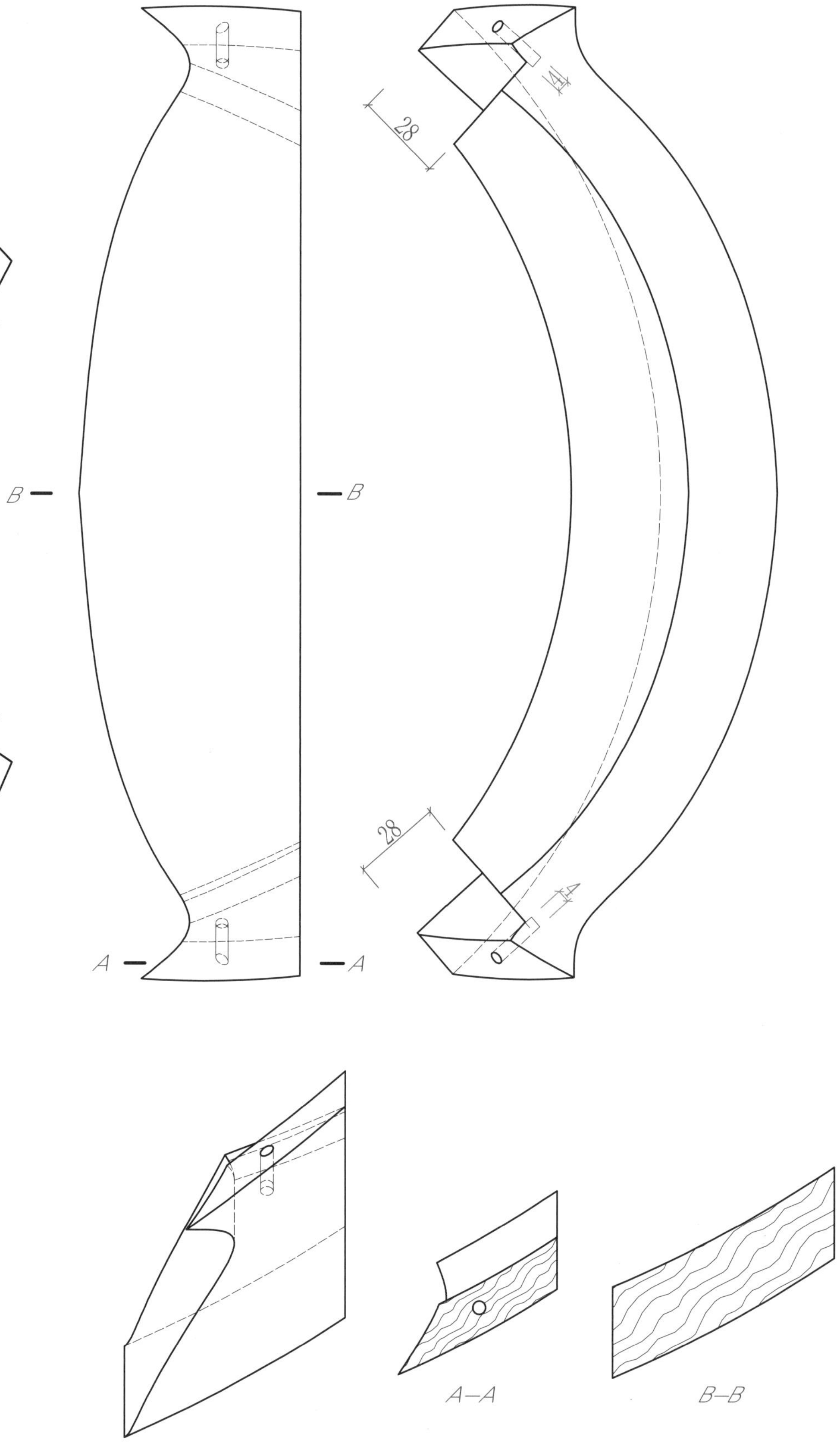

正视图　左视图

俯视图

比例：1：2

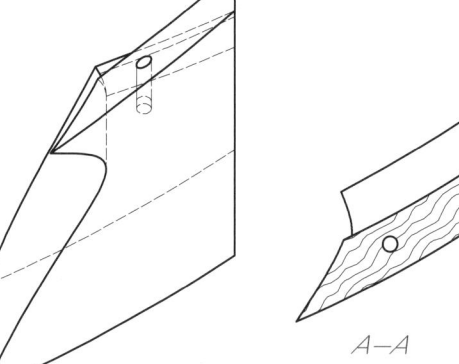
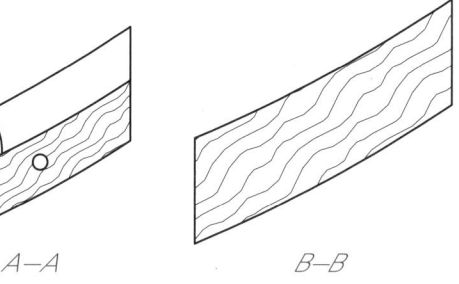

A—A

B—B

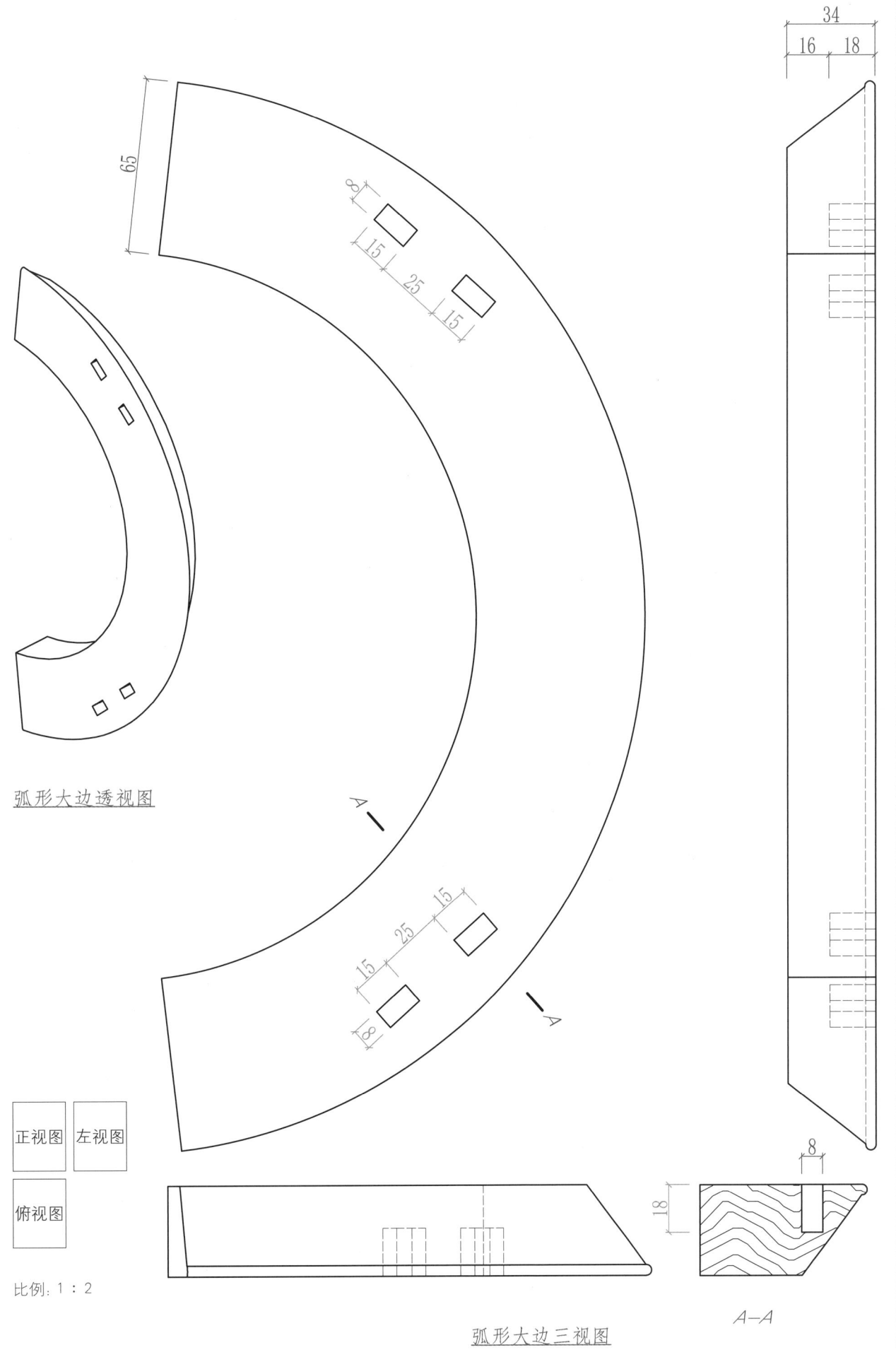

古典技艺

弧形大边透视图

正视图 左视图

俯视图

比例: 1 : 2

弧形大边三视图

A—A

415

3）家具实例：清式红酸枝圆桌

彭牙板和腿的
接合之四

清式红酸枝圆桌—整体图

彭牙板和腿
的接合之四

清式红酸枝圆桌—细节图

34. 箱盖结构之一

1）基本概念

箱体结构属于传统家具中的细木工，结构形式比较固定。讲究的箱体结构都采用暗燕尾榫接合，要求加工精致。现在机械发达了，制作起来很容易，但旧时纯手工制作就很难了。在箱体结构中，箱盖结构是主要部分，它的做法和精巧程度影响了箱子的品质。箱类家具都很单薄，不能承受太大的力，所以旧时的箱盒大部分都有金属包角，一方面为了美观，另一方面更为了牢固。

2）应用部位

箱盒类家具。

整体结构示意图

拆分结构示意图

榫卯构造

[榫卯口诀]

榫舌入槽有余量，
榫槽边缘易崩口。
箱底打槽装板做，
衣箱过大加穿带。

3 箱盖

1 箱体立板

2 箱体立板

整体透视图

◆ 制作要点：

在制作箱盖的榫舌和榫槽时，榫舌入槽要松一点，榫槽的上边缘太单薄，容易崩口。

箱底的做法这里没有绘出，所有的箱底都是打槽装板的结构，大的衣箱箱底装板上还会加穿带。

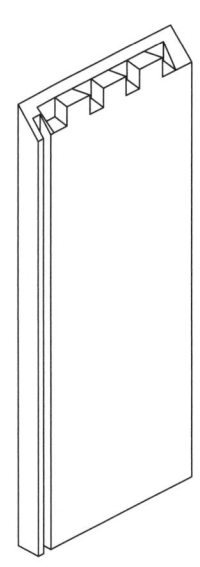

箱体立板
透视图

箱体立板三视图

| 正视图 | 左视图 |

| 俯视图 |

比例：1：2

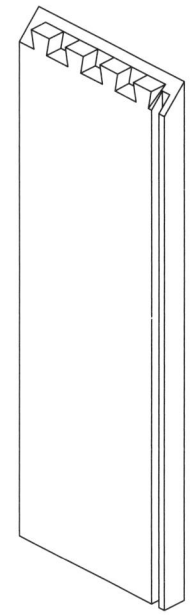

箱体立板
透视图

| 正视图 | 左视图 |

| 俯视图 |

比例: 1：2

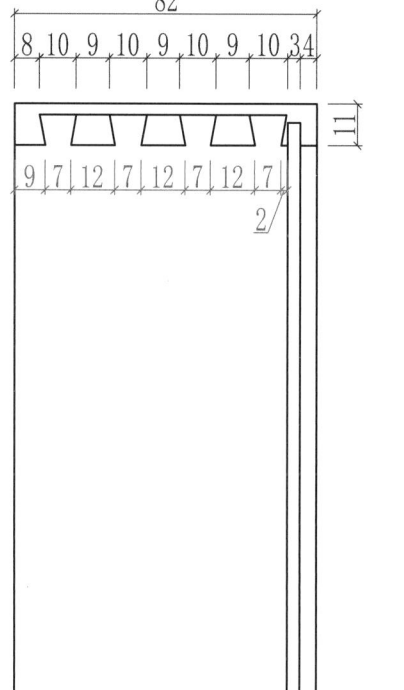

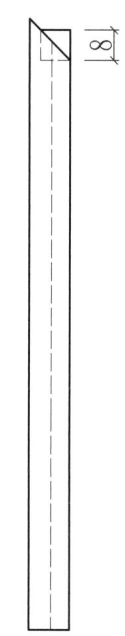

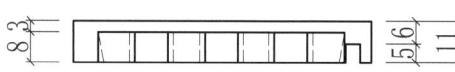

箱体立板三视图

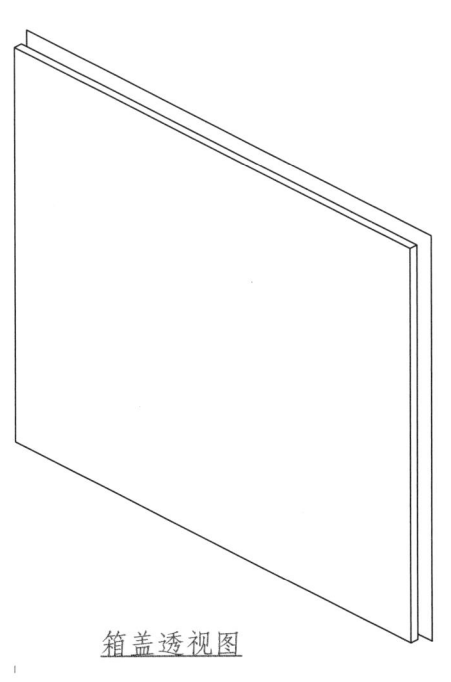

箱盖透视图

正视图　左视图

俯视图

比例: 1 : 2

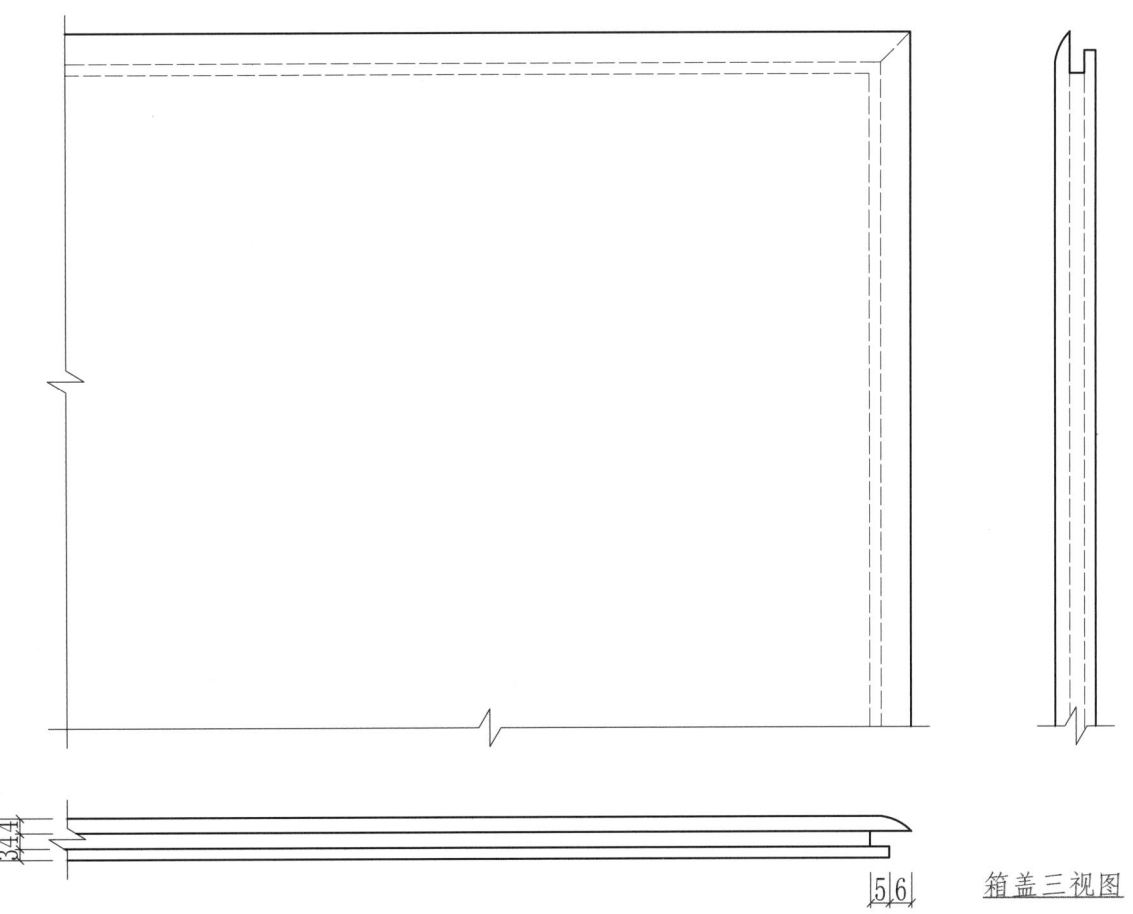

5 6　箱盖三视图

古典技艺

3）家具实例：明式红酸枝弧形盖顶首饰盒

箱盖结构之一

明式红酸枝弧形盖顶首饰盒—整体图

箱盖结构之一

明式红酸枝弧形盖顶首饰盒—细节图

35. 箱盖结构之二

1）基本概念

此种箱盖结构比较简易，是工匠们常说的"偷活"，传统的实物中这种结构不多，但现在红木家具行业中有不少这种做法，盖的连接主要靠胶粘，如果没有金属包角很容易损坏。箱盒的木材缩胀对其质量影响很大，所以木材处理是十分重要的一个环节。

2）应用部位

箱盒类家具。

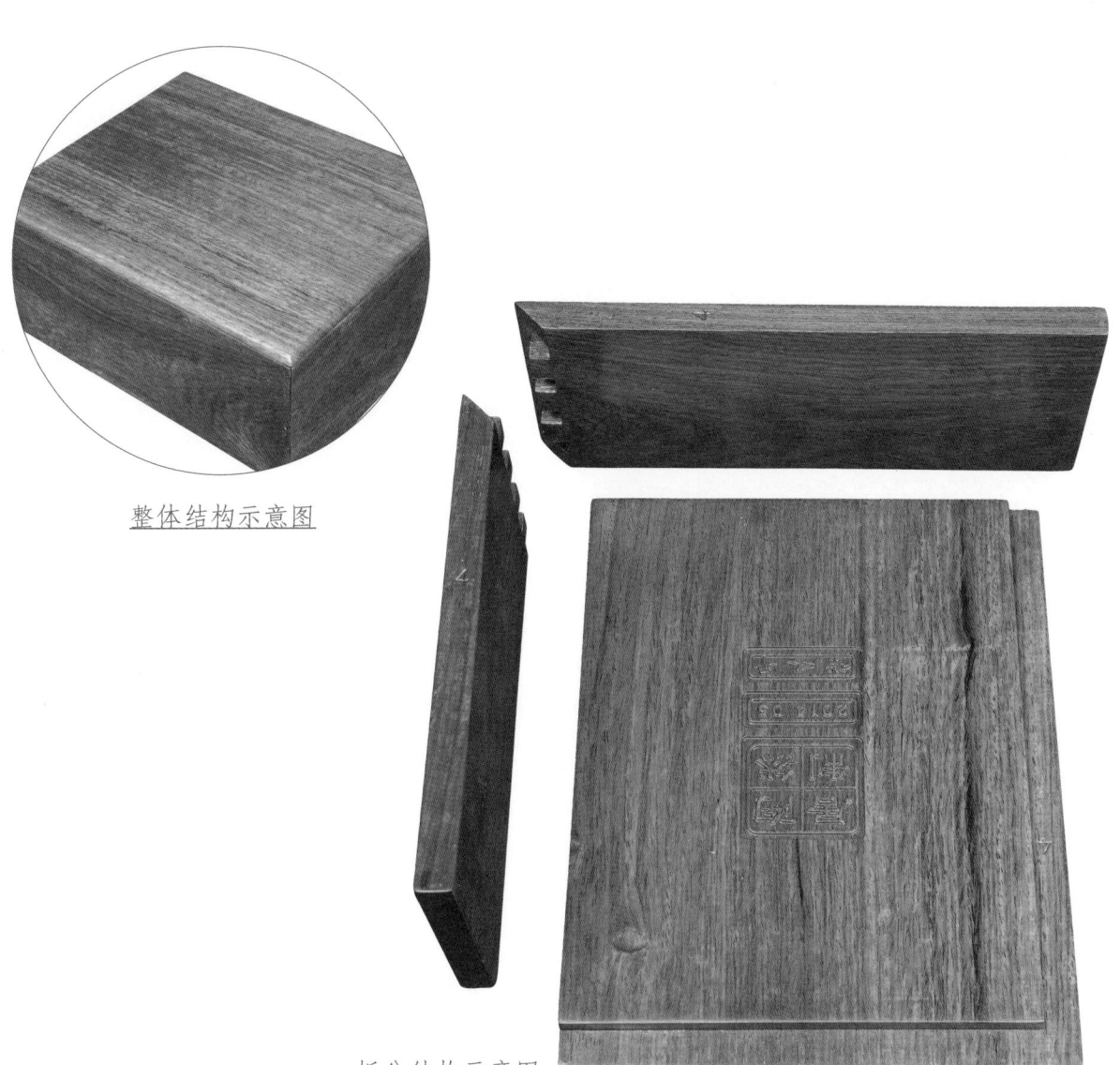

整体结构示意图

拆分结构示意图

榫卯构造

暗燕尾榫是关键，
大小根据板厚定。
安装金属包角扣，
钉子也能连接牢。

3 箱盖

1 箱体立板

2 箱体立板

整体透视图

◆ 制作要点：

此结构还是比较简单的，只要箱体的暗燕尾榫做好，箱盖比较容易做。箱体暗燕尾榫的大小要根据板的厚度而定。这种结构箱盖必须安装金属包角，固定包角的钉子也能使箱盖和箱体连接得更牢。

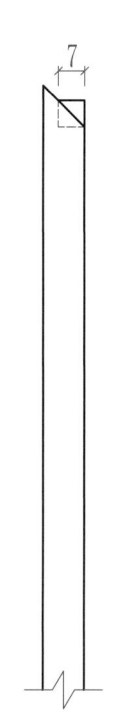

箱体立板透视图

箱体立板三视图

| 正视图 | 左视图 |
| 俯视图 | |

比例：1：2

箱体立板透视图

正视图　左视图

俯视图

比例: 1：2

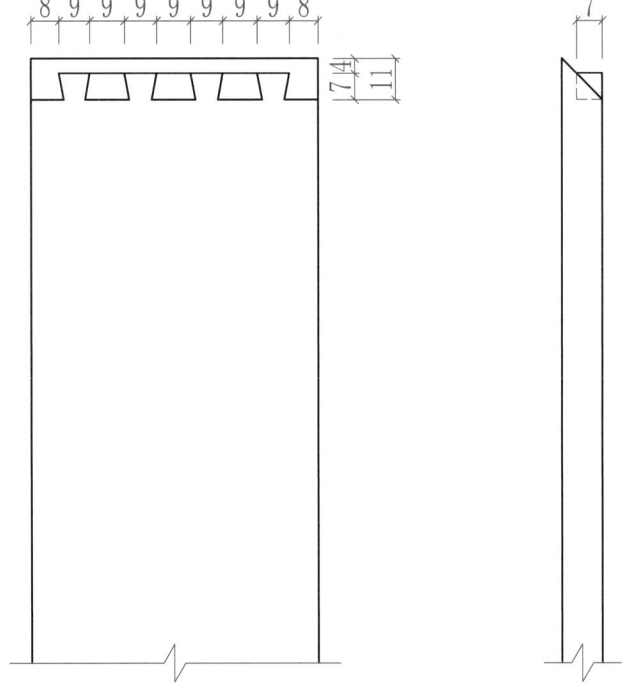

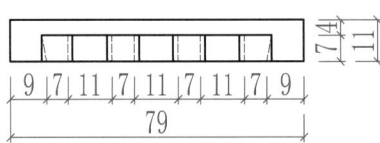

箱体立板三视图

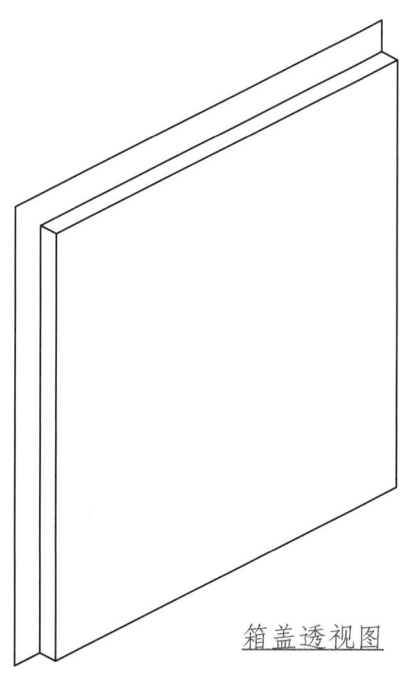

正视图 左视图

俯视图

比例: 1 : 2

箱盖透视图

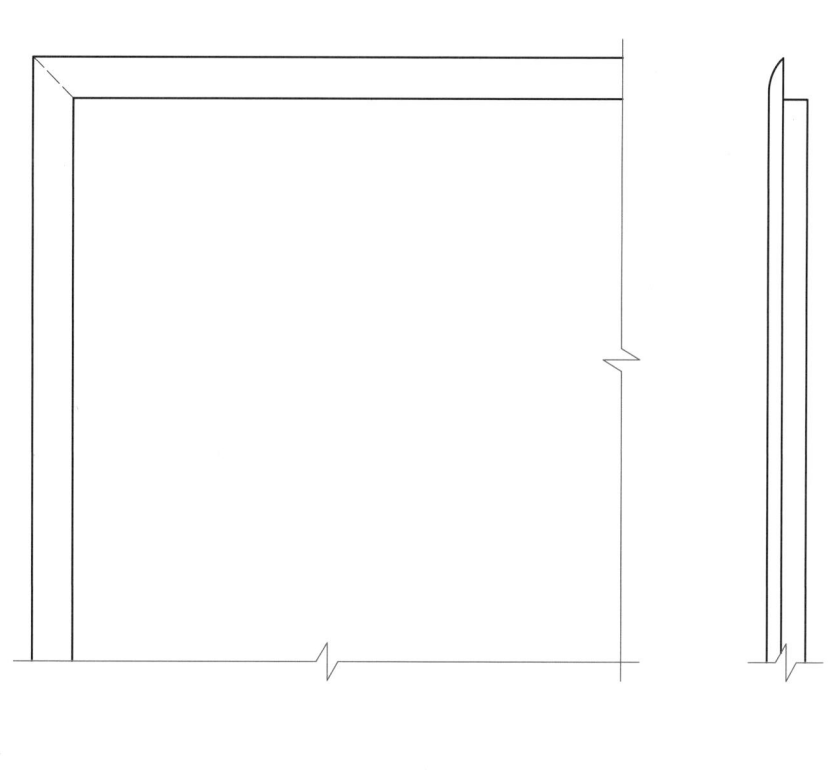

箱盖三视图

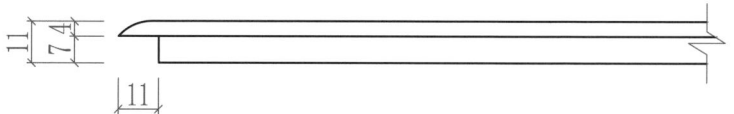

11

7.4

11

3) 家具实例：清式红酸枝弧形门首饰盒

———— 箱盖结构之二

清式红酸枝弧形门首饰盒——整体图

———— 箱盖结构之二

清式红酸枝弧形门首饰盒——细节图

（四）其他类型的榫卯接合

1. 翘头结构之一

1）基本概念

翘头是古典家具桌案类上的一种装饰构件，它将人的视觉导引向上，从而打破横宽的家具形体的沉闷感、沉重感，让凝固之器变得耸然欲动。此种榫卯结构是明式家具典型的独板翘头结构，明式家具大部分独板案子结构都采用此法，用料精致，做工讲究。清式案子上的翘头大部分比明式家具的翘头高大，且带有装饰线条。

2）应用部位

独板翘头案（橱）面板和翘头接合处。

整体结构示意图

拆分结构示意图

榫卯构造

2 翘头

1 独板板面

整体透视图

◆ 制作要点：

此榫卯结构在制作过程中应考虑独板的缩胀问题。因此，翘头的榫卯不宜上胶水，榫眼的长度方向应留有空隙，以免面板缩胀时受翘头的制约而开裂。翘头两端制成斜面是为了让翘头横截面变薄，使其看起来美观。这种结构的面板比较窄薄，如果是比较宽厚的板面，在两边的格肩处还应格出小三角榫和翘头接合，这样面板和翘头会更平整。

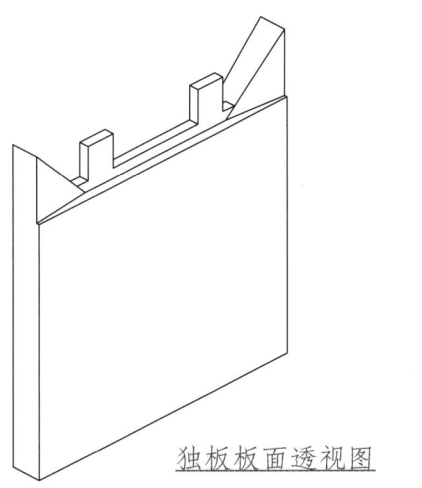

独板板面透视图

| 正视图 | 左视图 |
| 俯视图 | |

比例: 1：2.5

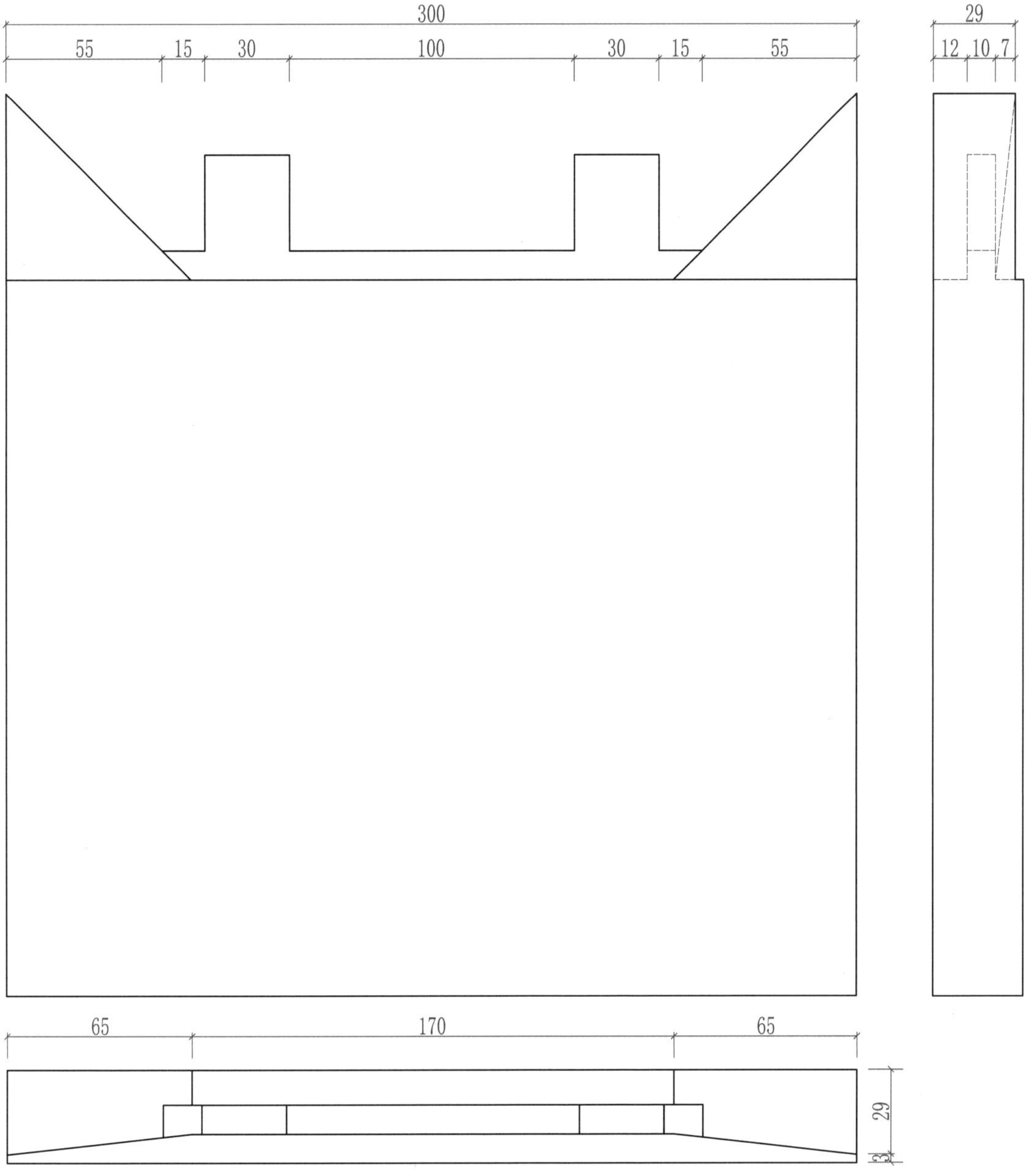

300

55　15　30　100　30　15　55

29

12　10　7

65　170　65

29

独板板面三视图

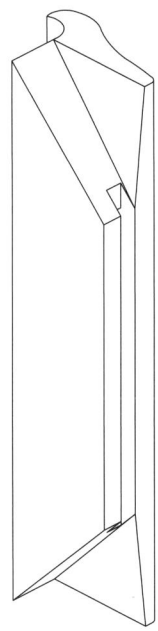

榫卯构造

翘头透视图

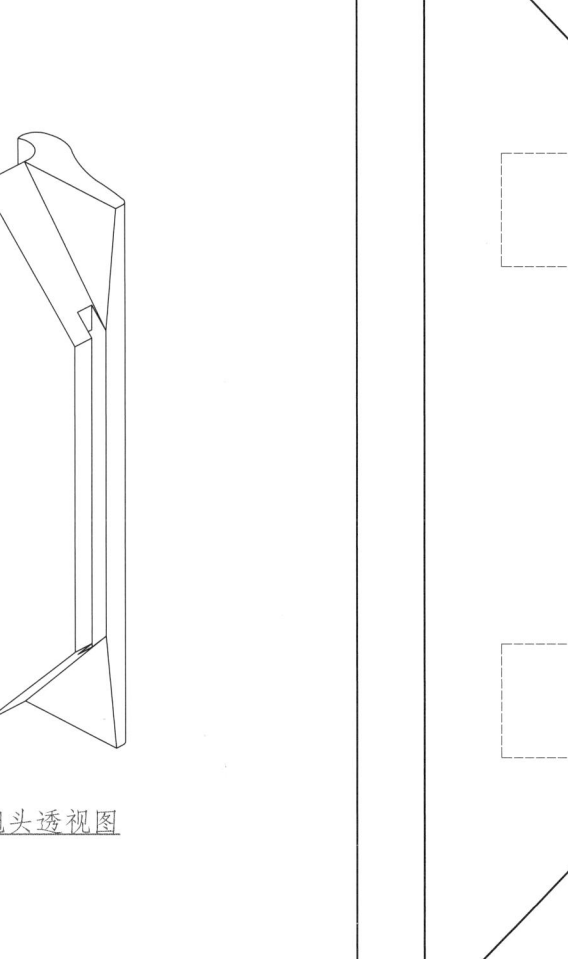

170

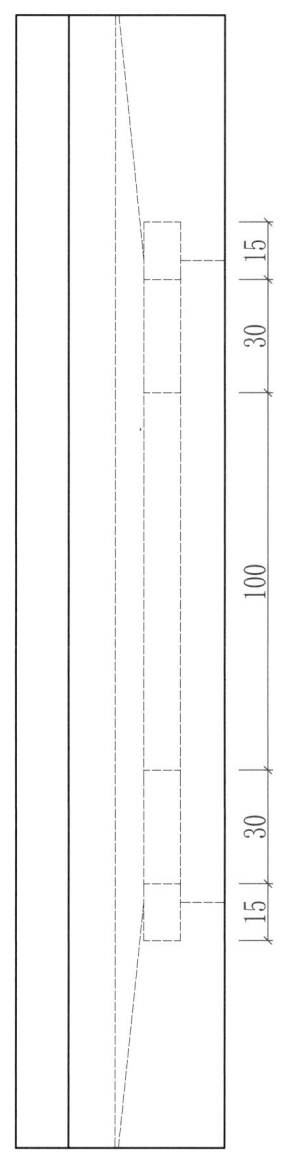

15
30
100
30
15

正视图　左视图

俯视图

比例: 1：2

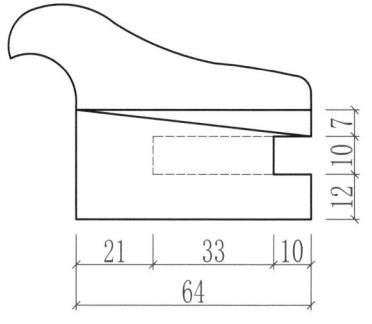

12 10 7

21　33　10

64

翘头三视图

3）家具实例：清式黄花梨柜橱

翘头结构之一 ————

清式黄花梨柜橱—整体图

翘头结构之一 ————

清式黄花梨柜橱—细节图

图版清单（翘头结构之一）：

整体结构示意图

拆分结构示意图

整体透视图

独板板面透视图

翘头透视图

独板板面三视图

翘头三视图

清式黄花梨柜橱—整体图

清式黄花梨柜橱—细节图

2. 翘头结构之二

1) 基本概念

此种翘头结构和上一个翘头结构相似，造型也大致相同，但是此结构采用攒边装板做法，这样板面的变形要比独板小，因此，翘头和板面的接合方式也有所变化。翘头的形状和接合方式是多种多样的，体现着设计者的爱好和审美，但首先要从力学角度上去考虑，尽量使家具牢固和美观。

2) 应用部位

攒边装板翘头案（橱）面板和翘头接合处。

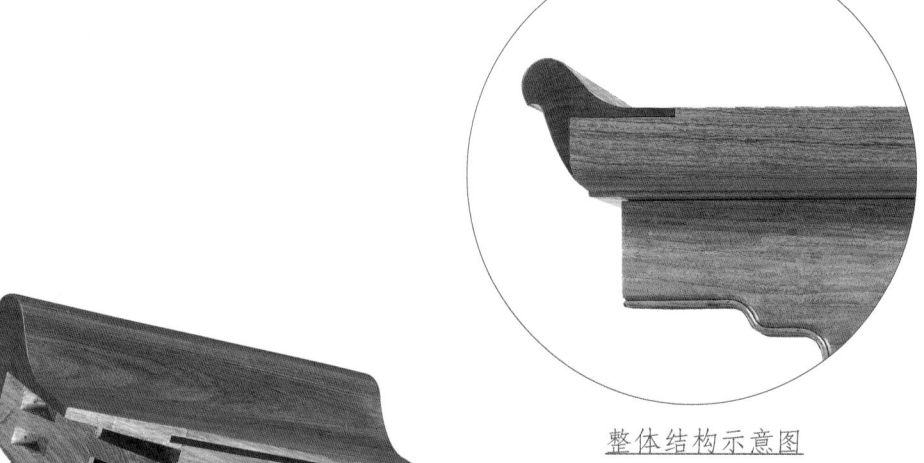

整体结构示意图

拆分结构示意图

[榫卯口诀]

攒边结构变形小，
翘头接合样式多。
小小燕尾保平整，
若是小头没必要。

1 翘头（与抹头一木连做）

2 大边

整体透视图

◆ 制作要点：

此结构中，由于翘头的格肩三角形比较大，所以加了一个小燕尾销，以保证翘头和大边的平整。如果是小翘头案（橱），没有必要设计此小燕尾销。虽然攒边装板的板面比独板的板面变形小，但是组装时最好还是不要上胶水，因为翘头没有受力点，上胶有害而无利。

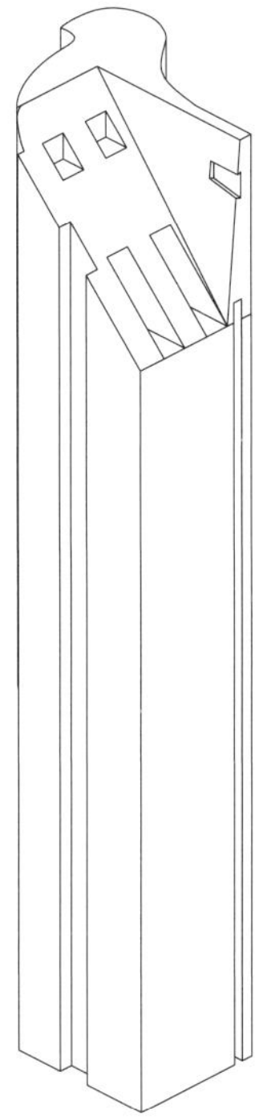

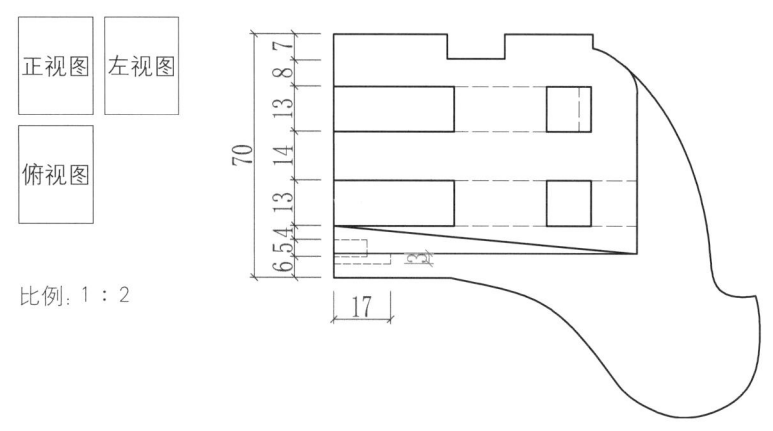

翘头(与抹头一木连做)
透视图

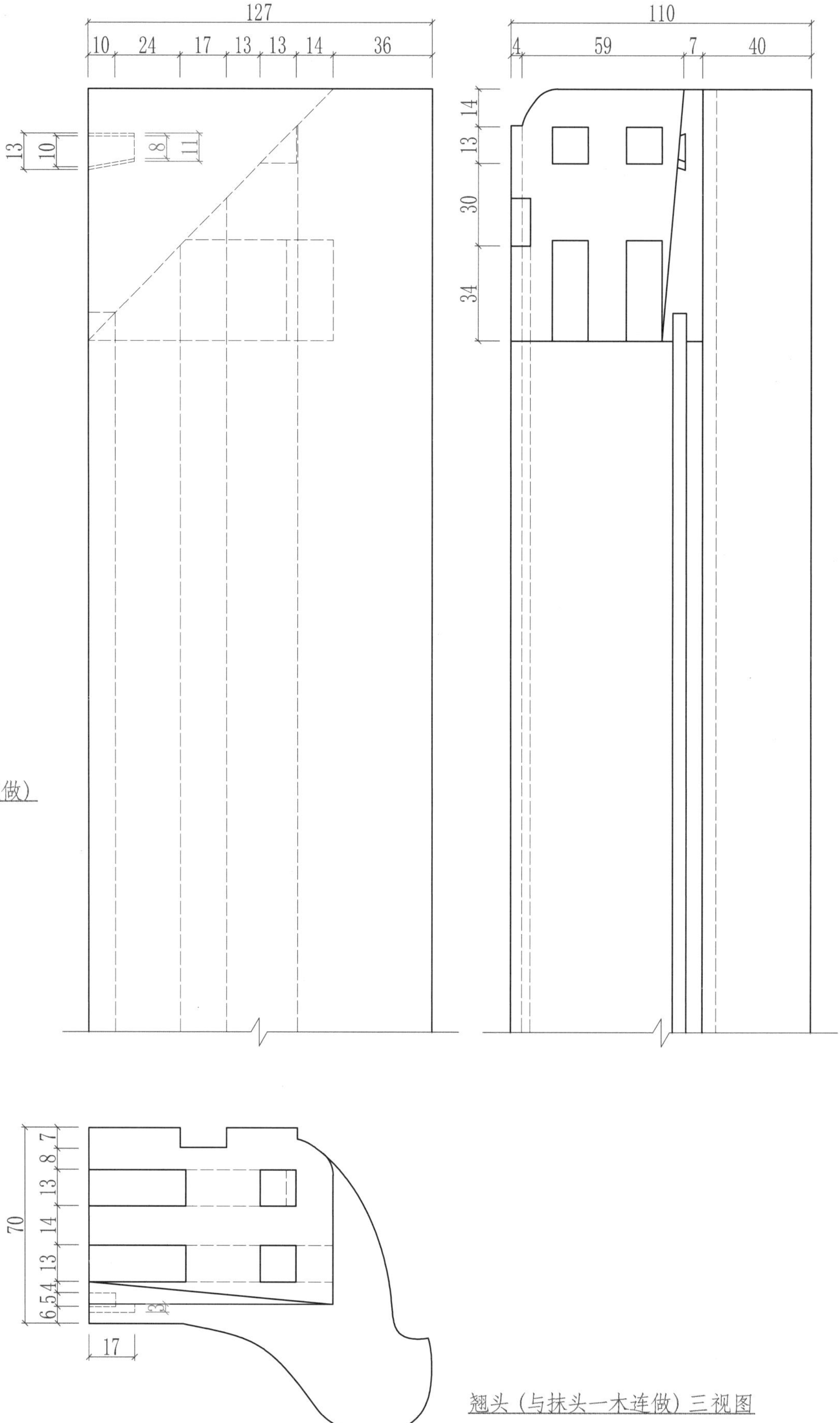

正视图　左视图

俯视图

比例：1：2

翘头（与抹头一木连做）三视图

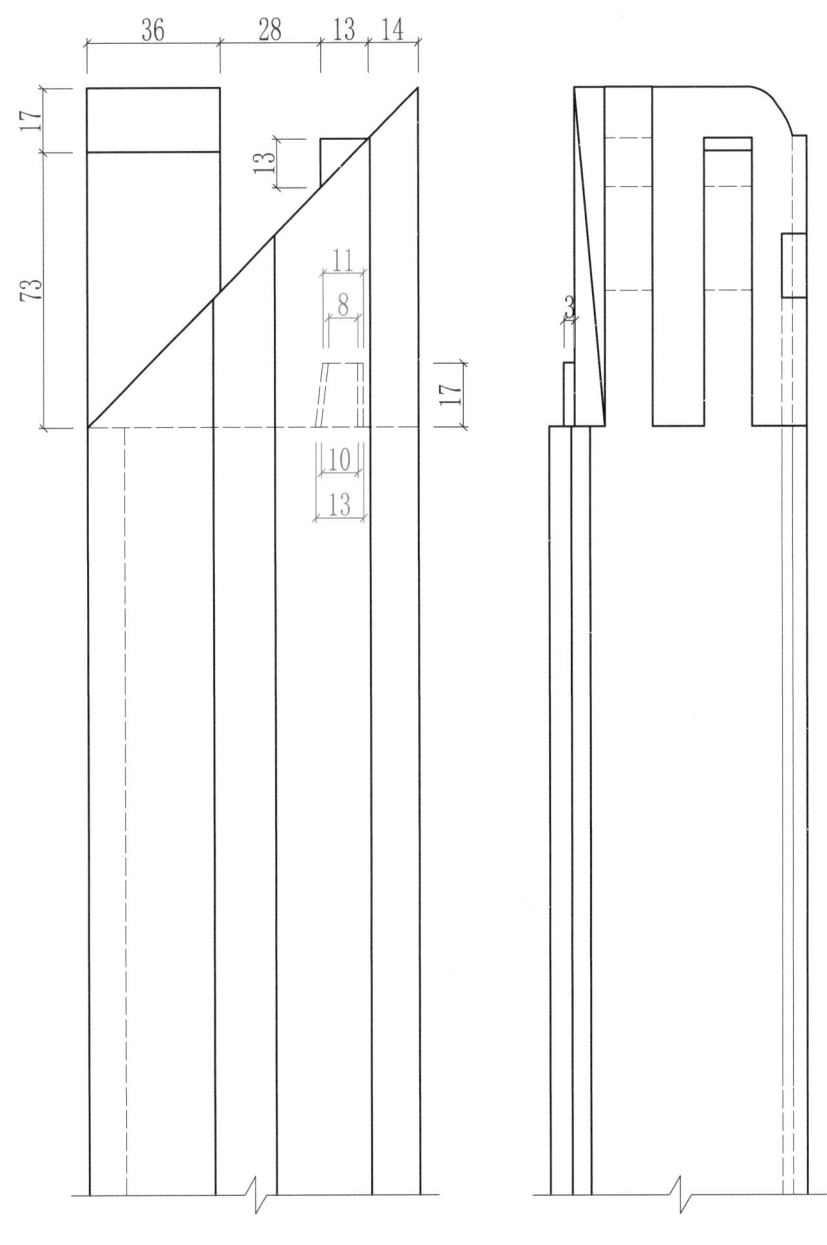

大边透视图

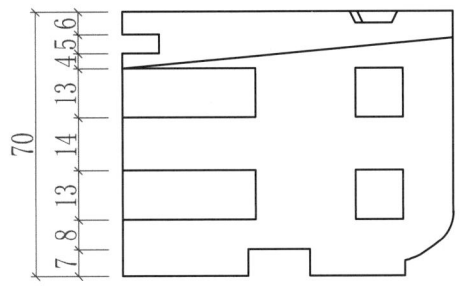

大边三视图

| 正视图 | 左视图 |
| 俯视图 | |

比例：1：2

3）家具实例：清式紫檀雕龙翘头画案

———— 翘头结构之二

清式紫檀雕龙翘头画案—整体图

图版清单（翘头结构
之二）：
整体结构示意图
拆分结构示意图
整体透视图
翘头（与抹头一木连
做）透视图
大边透视图
翘头（与抹头一木连
做）三视图
大边三视图
清式紫檀雕龙翘头
画案—整体图
清式紫檀雕龙翘头
画案—细节图

———— 翘头结构之二

清式紫檀雕龙翘头画案—细节图

3. 翘头结构之三

1）基本概念

前面两个小节翘头的做法较为讲究，本节的做法中翘头用走马销和抹头接合，易加工、省料。

2）应用部位

适用于任何翘头案和橱的上面。

整体结构示意图

拆分结构示意图

榫卯构造

【榫卯口诀】

走马销靠两头装，

翘头横边接缝小。

间距宜小不宜大，

翘头长短定数量。

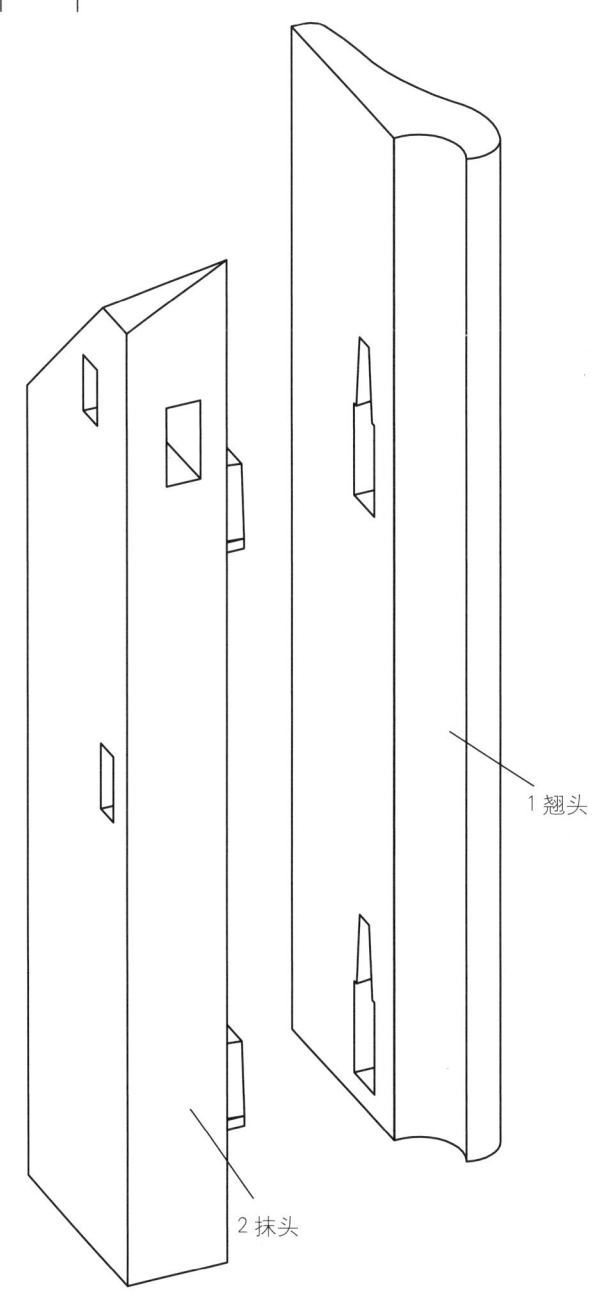

1 翘头

2 抹头

整体透视图

◆ 制作要点：

此结构中，连接翘头的走马销要尽量靠两头装，这样从侧面看上去翘头和抹头的接缝会小。而且走马销间距宜小不宜大，走马销的多少根据翘头的长短而定。

440

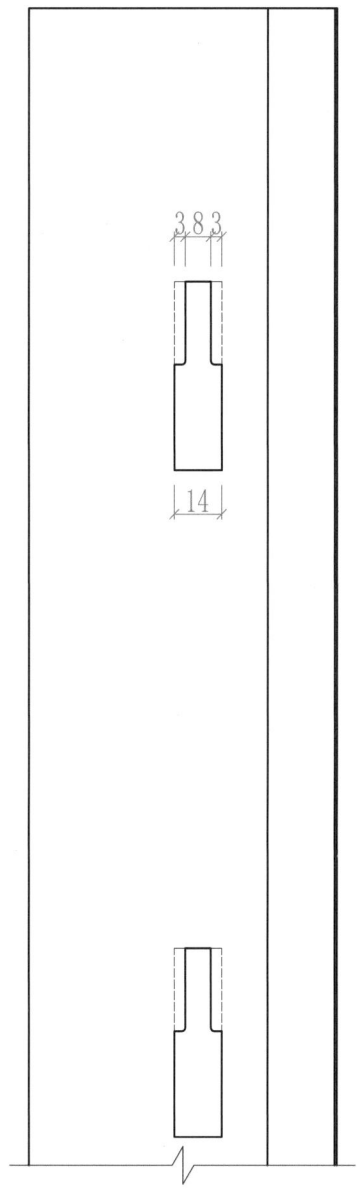

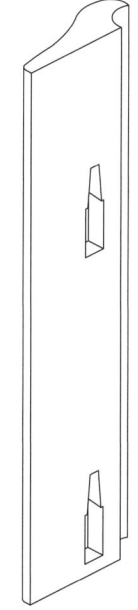

翘头透视图

翘头三视图

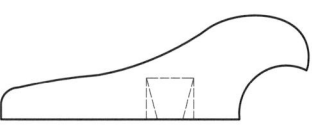

正视图　左视图

俯视图

比例:1:2

榫卯构造

抹头透视图

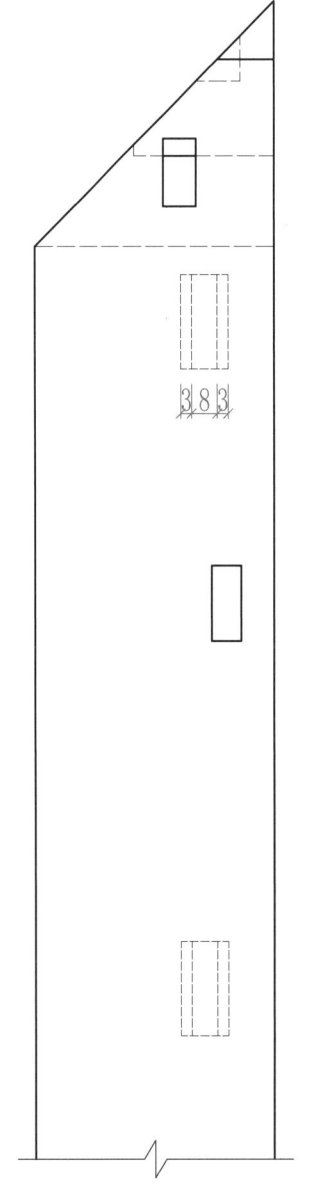

3 8 3

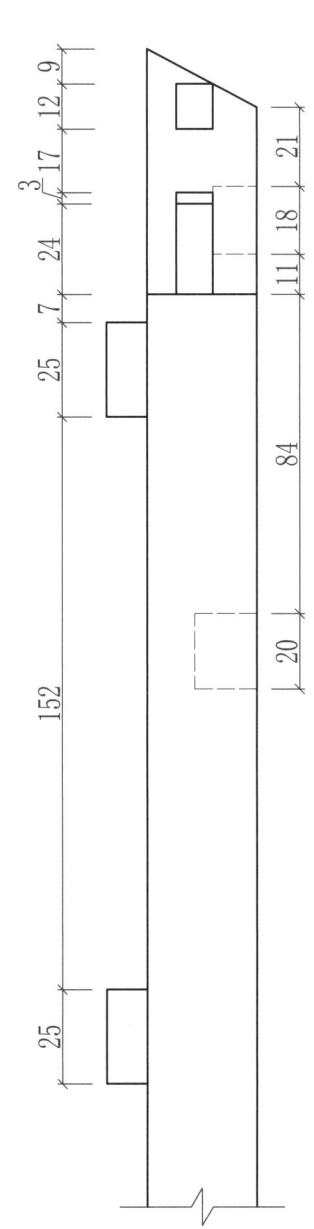

正视图　左视图

俯视图

比例：1 : 2

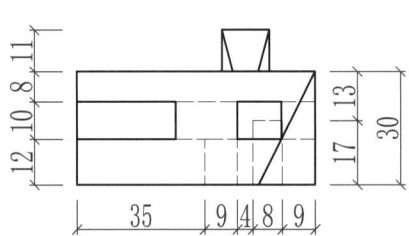

抹头三视图

3）家具实例：清式酸枝木书桌

翘头结构之三————

清式酸枝木书桌—整体图

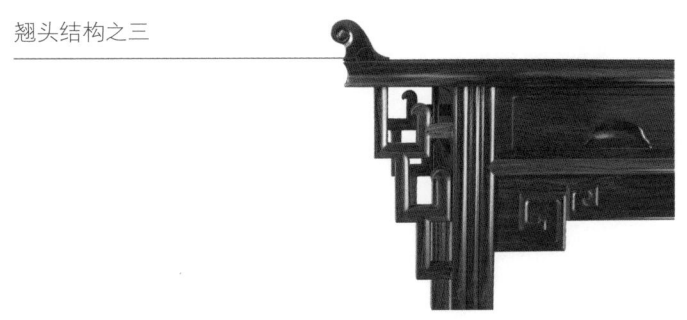

翘头结构之三————

清式酸枝木书桌—细节图

4. 角牙裁口接合

1) 基本概念

角牙指古典家具横竖材交角处的牙子，一般采用对称的形式，既发挥力学功能，又起到装饰作用。一般情况下，角牙的用料比较薄，适合用裁口装板的方式和横竖材相接合。角牙裁口接合的优点是不会因木材缩胀使其和横竖材产生缝隙，如果角牙比较长，有的还要在牙子背面装上燕尾销和横竖材连接，以增强角牙的强度。

2) 应用部位

角牙与横竖材丁字接合处。

整体结构示意图

拆分结构示意图

古典技艺

[榫卯口诀]

裁口装板优点多，

缩胀缝隙消除掉。

角牙边框均打槽，

接合越严越牢固。

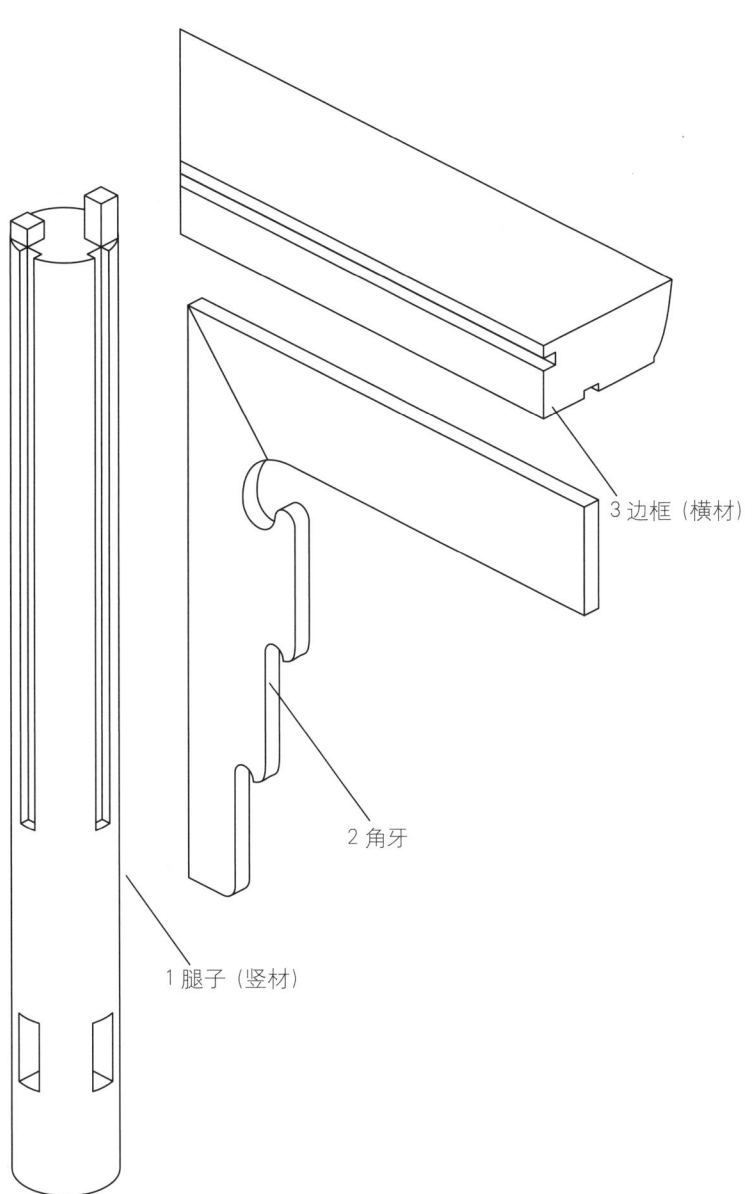

3 边框（横材）

2 角牙

1 腿子（竖材）

整体透视图

◆ 制作要点：

角牙裁口装板接合
不同于攒边打槽装
板。攒边打槽装板
要保证榫舌在槽口
中能滑动，角牙和
边框裁口接合不用
考虑这些，越严紧
越好。

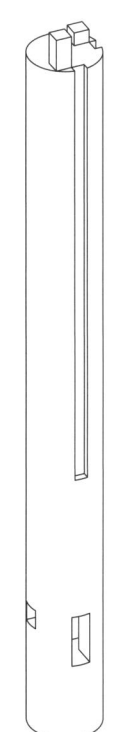

腿子（竖材）
透视图

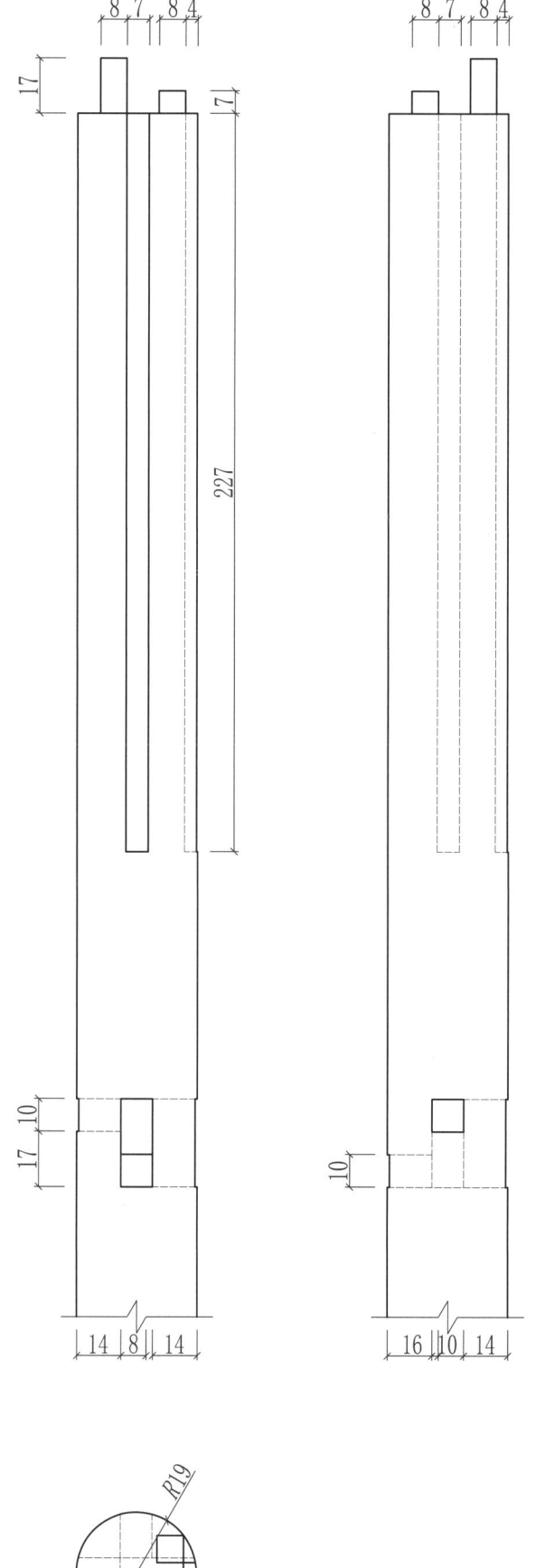

正视图 左视图

俯视图

比例: 1 : 2

腿子（竖材）三视图

榫卯构造

446

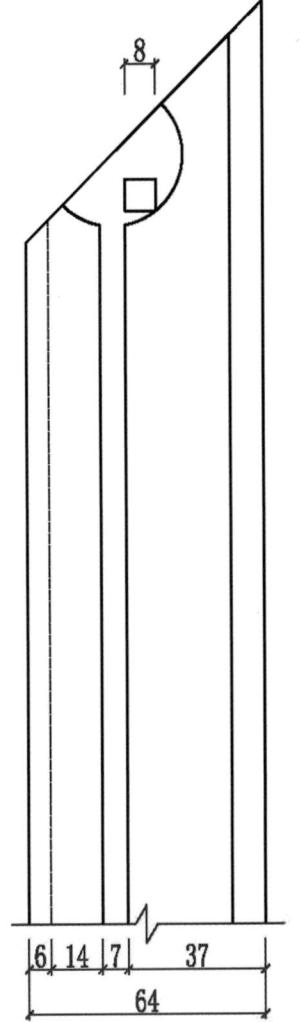

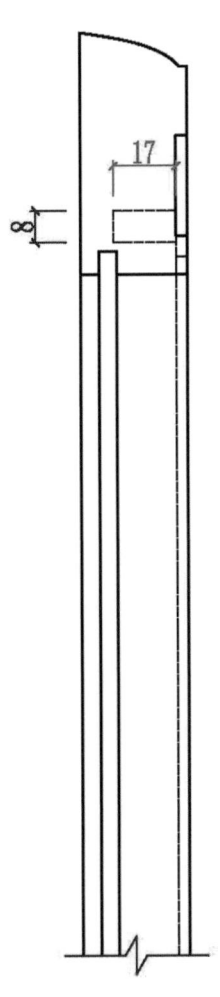

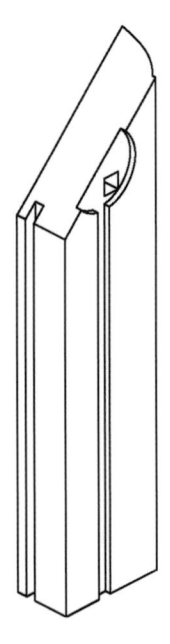

边框（横材）
透视图

边框（横材）三视图

正视图　左视图

俯视图

比例：1：2

古典技艺

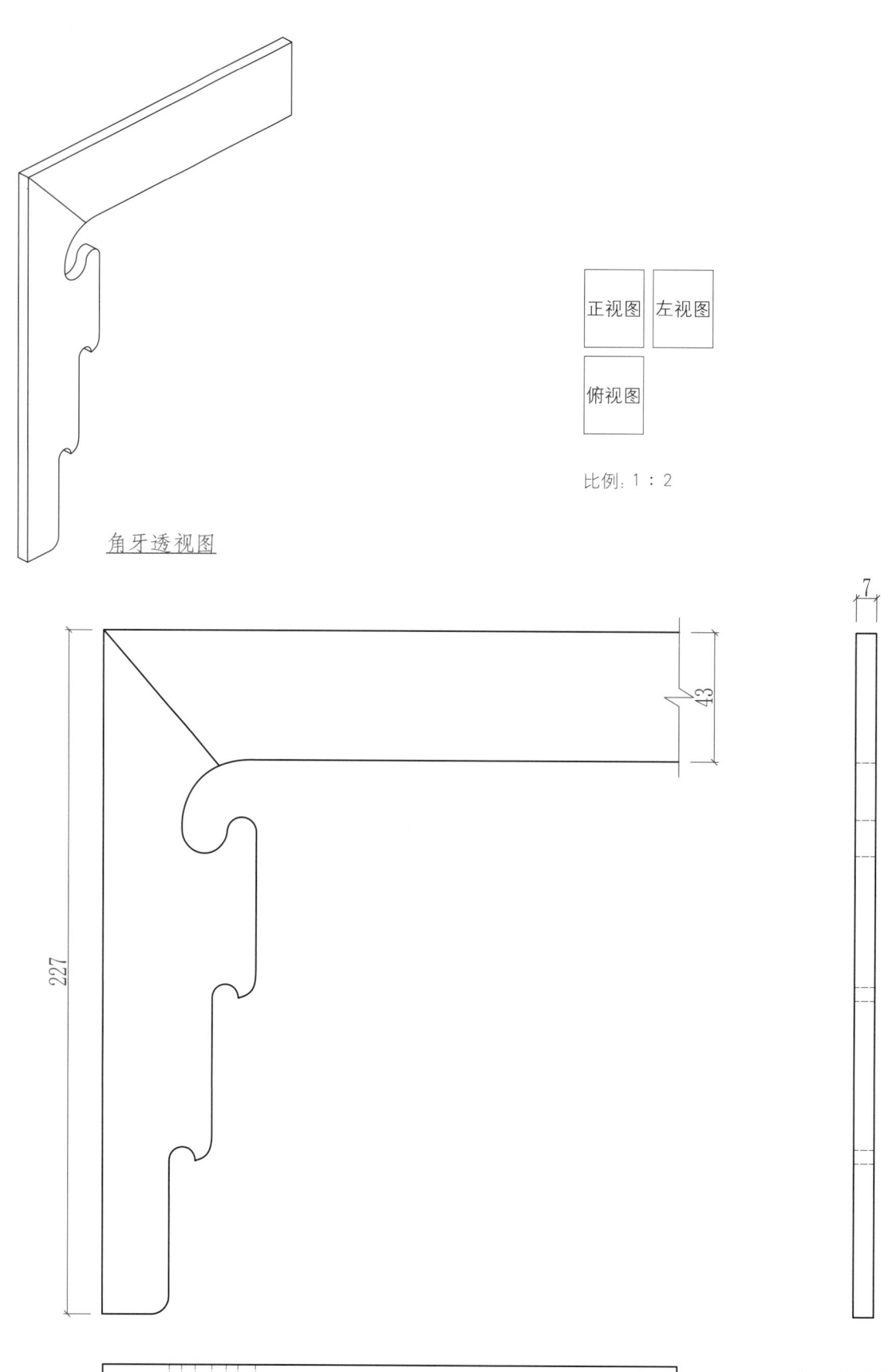

椎卯构造

角牙透视图

正视图　左视图

俯视图

比例: 1：2

227

7

43

角牙三视图

3）家具实例：清式酸枝木南官帽椅

角牙裁口接合 ——

清式酸枝木南官帽椅—整体图

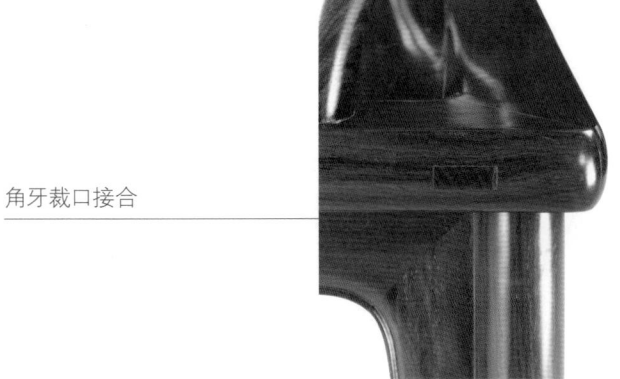

角牙裁口接合 ——

清式酸枝木南官帽椅—细节图

图版清单（角牙裁口接合）：
整体结构示意图
拆分结构示意图
整体透视图
腿子（竖材）透视图
边框（横材）透视图
角牙透视图
腿子（竖材）三视图
边框（横材）三视图
角牙三视图
清式酸枝木南官帽椅—
整体图
清式酸枝木南官帽椅—
细节图

5. 角牙栽榫接合

1）基本概念

角牙指古典家具横竖材交角处的牙子，其轮廓造型多种多样，雕刻手法丰富。角牙的作用有两个：一是装饰，二是加强家具的牢固程度。角牙根据用材薄厚，有两种接合方法：一般比较厚的，用栽榫和家具边框接合；比较薄的，用打槽装板的做法和家具边框接合。目前，角牙用栽榫的接合较为常见，此接合方法制作简单、组装容易、连接牢固。

2）应用部位

角牙与家具横、竖材交接处，如腿足与边抹、扶手与鹅脖、靠背立柱与搭脑等相交部位。

整体结构示意图

拆分结构示意图

整体透视图

【榫卯口诀】

装饰加固都兼具，
造型丰富很实用。
接合方式种类多，
栽榫接合最实用。

2 角牙

3 栽榫

1 边料

整体透视图

◆ 制作要点：

用栽榫接合的角牙都须先完成雕刻再确定榫眼的位置和大小。因为角牙多为倒挂状态，因此在安装时，要注意榫头和卯眼不要留缝太大，以免接合不牢，角牙掉落。如果是透雕角牙，在安装时要避免其受力太大导致开裂。

角牙和框的接合方式也可以采用一边打槽装板一边栽榫连接，栽榫可以出在角牙上也可以出在家具边框上。具体用什么方法接合，要根据接合部位而定。

栽榫的用处很广，构件和构件连接经常用到栽榫。

451

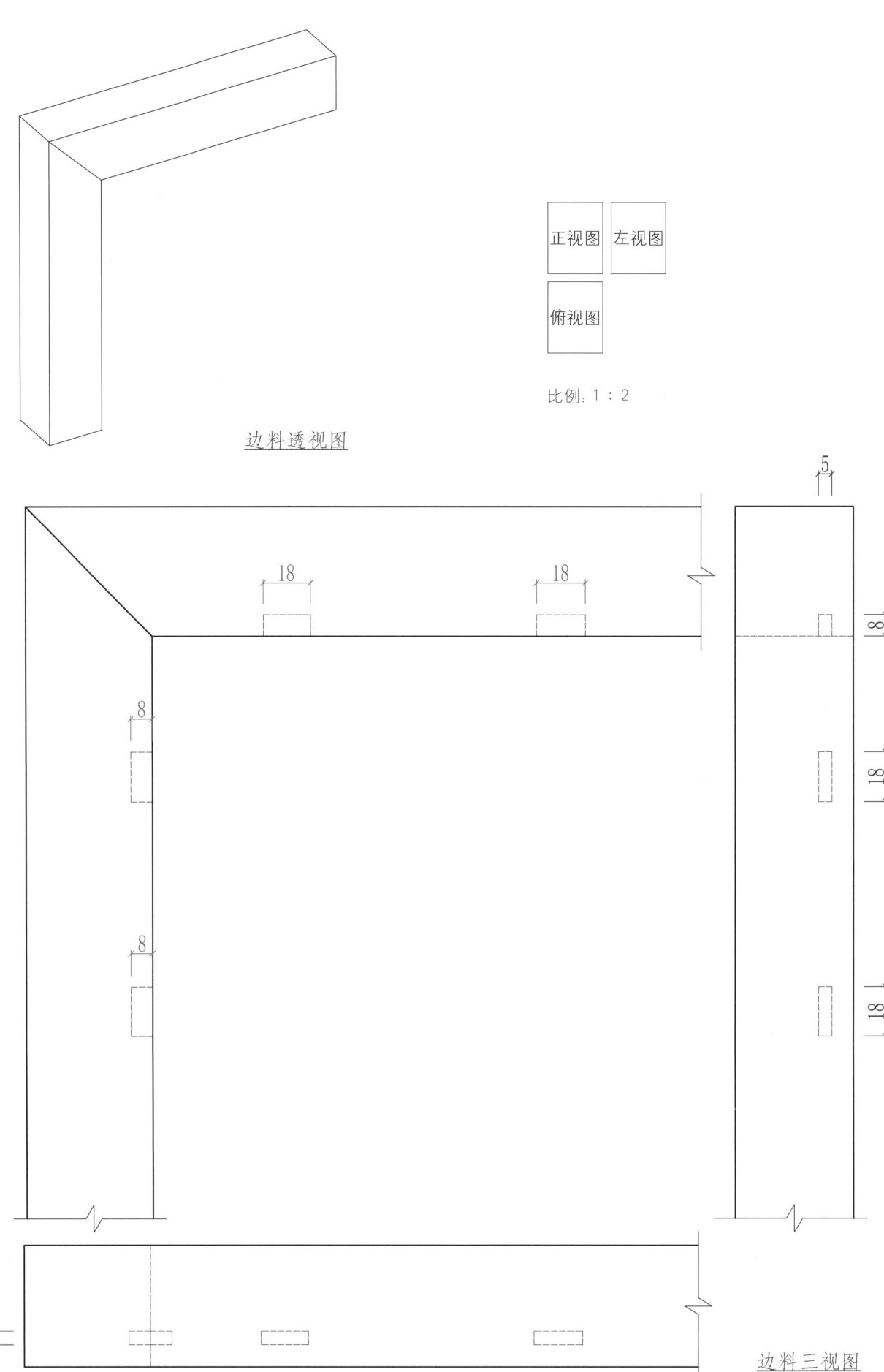

边料透视图

正视图 | 左视图

俯视图

比例: 1 : 2

18   18

8

8

5

18

18

18

5

边料三视图

榫卯构造

452

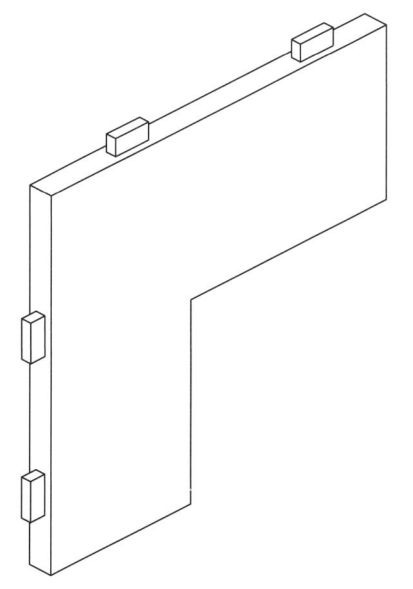

正视图 左视图

俯视图

比例：1：2

角牙透视图

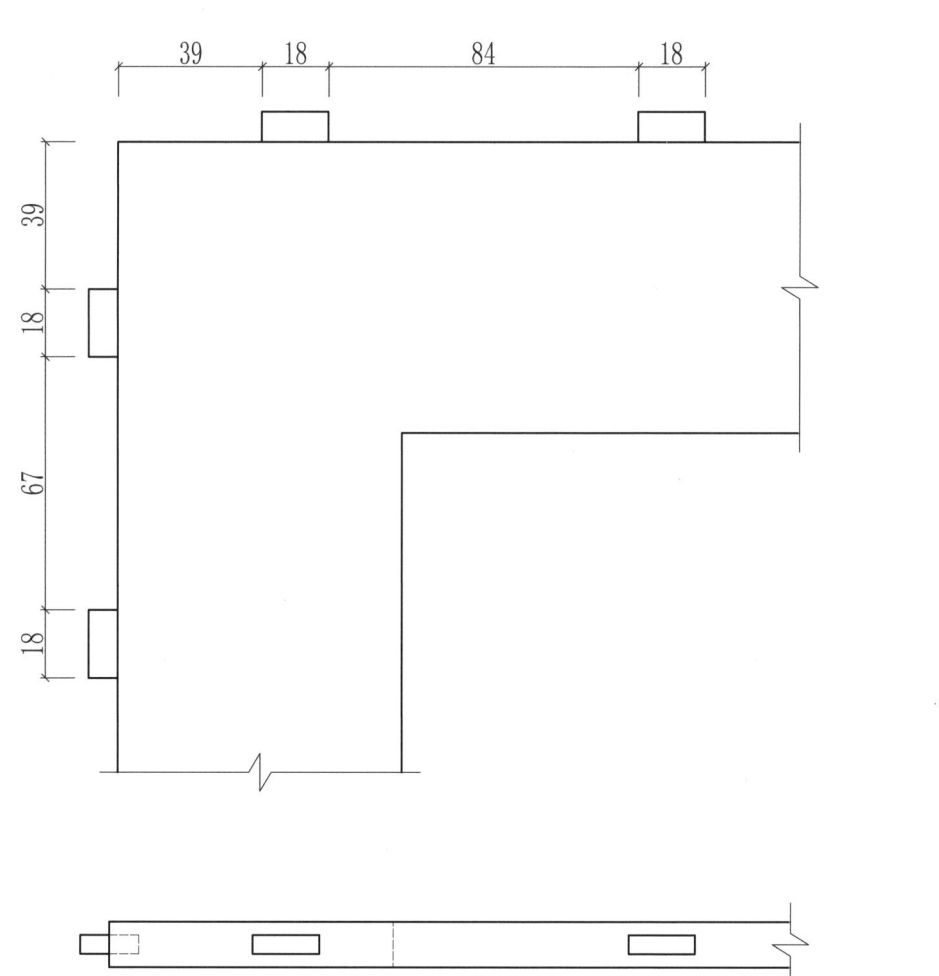

角牙三视图

古典技艺

3）家具实例：清式酸枝木书桌

角牙栽榫接合

清式酸枝木书桌—整体图

角牙栽榫接合

清式酸枝木书桌—细节图

6. 走马销结构之一

1）基本概念

在古典家具制作中，有时家具各独立的部件需要连接在一起，为了便于拆装，古人发明了走马销。走马销也是燕尾榫的一种叫法，是特制的栽榫，形状各异，榫头从方口插入推向有斜面的一端，从而达到锁住构件的作用。当相连的材料截面不大时，使用单榫走马销即可。

2）应用部位

用于家具各部件之间的连接，如罗汉床围子和床面、靠背椅围子和座面之间。

整体结构示意图

拆分结构示意图

榫卯构造

【榫卯口诀】

长短宽窄很灵活，
截面斜度均影响。
便于拆装特制榫，
牢固程度会减弱。

1 方料

2 方料

走马销

整体透视图

◆ 制作要点：

走马销的长短宽窄和燕尾斜度的大小视料的截面大小而定，有一定的灵活性。严格来讲，走马销的前端应略微小于后端，而且走马销应有微小的倒角，这样做的目的是在拆装时，避免走马销损坏。走马销每拆装一次，它的牢固程度会减弱一些。木材毕竟不是金属，不耐磨，走马销不宜拆装次数过多，拆装次数过多连接构件会松动。

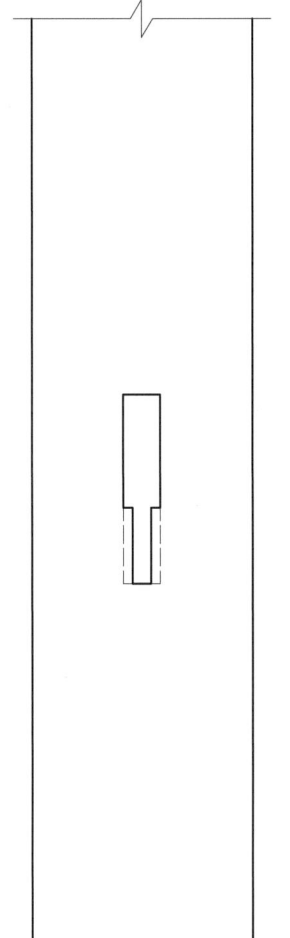
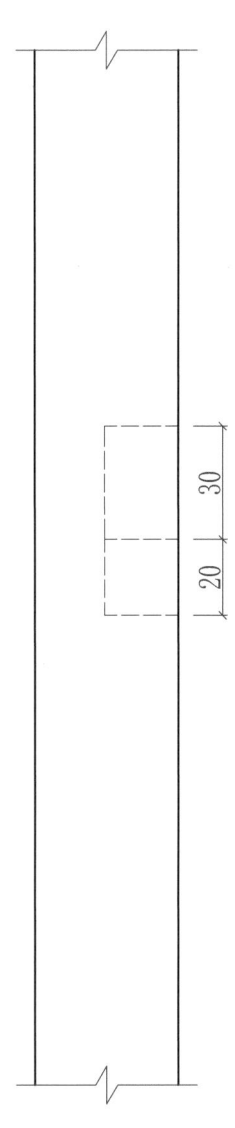
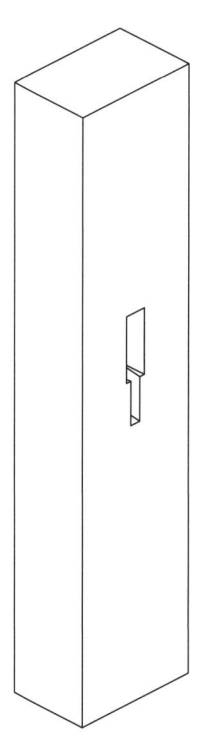

方料透视图

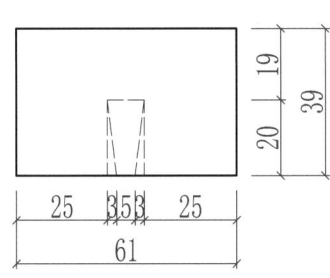

61

方料三视图

正视图	左视图
俯视图	

比例: 1 : 2

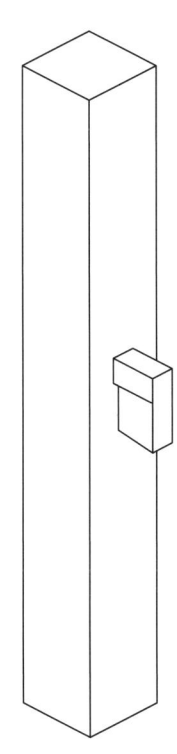

方料透视图

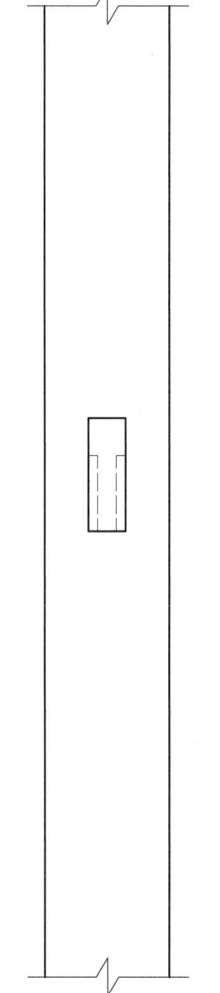

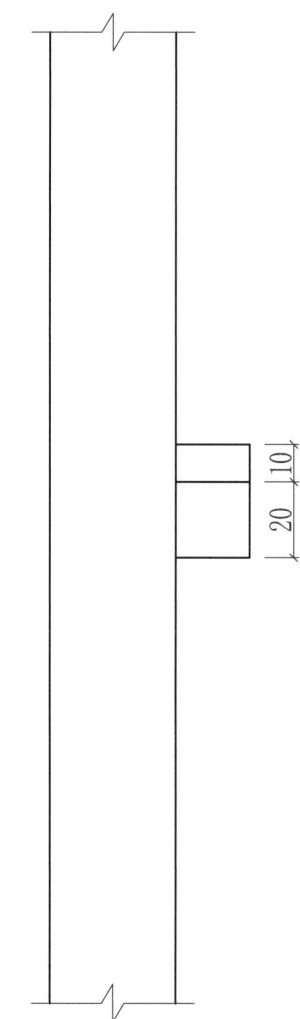

正视图　左视图

俯视图

比例：1：2

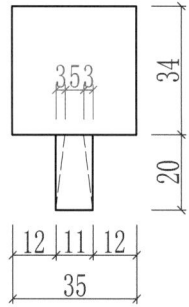

方料三视图

3) 家具实例：明式红酸枝罗汉床

走马销结构之一
（单榫，左右销）

明式红酸枝罗汉床—整体图

走马销结构之一
（单榫，左右销）

明式红酸枝罗汉床—细节图

7. 走马销结构之二

1）基本概念

走马销应用的位置不同，它的形状也有所改变，此款走马销是专用于床类和沙发类靠背围子与座面接合的榫卯结构。家具在使用的过程中，由于自身的重量和外加的荷载重量，座面边抹有下沉的倾向，随着边抹长度的增加，边抹下沉的弧度会增大。一般床类和沙发类的靠背围子都有一定的强度，其中间部位下沉会很少。当用走马销把靠背围子和座面销在一起时，就可以制约座面边抹中心部位下沉的程度。

2）应用部位

床类和沙发类靠背围子和座面的接合处。

整体结构示意图

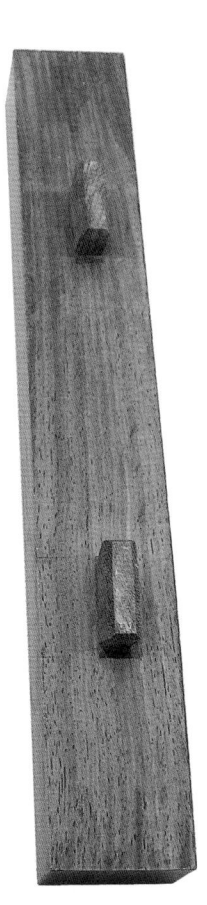

拆分结构示意图

【榫卯口诀】

靠背座面接合用，

长度增加间距小。

先装扶手后靠背，

背围越长销越多。

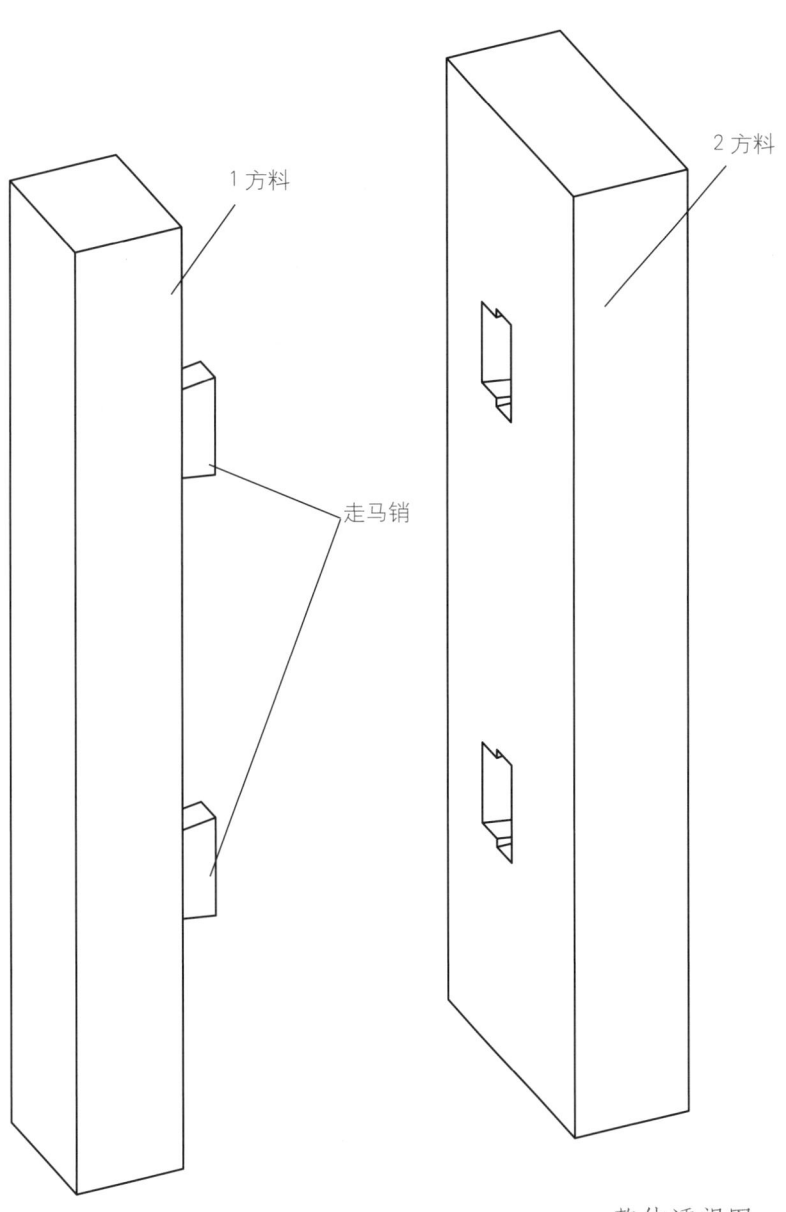

1 方料

2 方料

走马销

整体透视图

◆ 制作要点：

这里讲一下沙发类和床类围子的组装顺序：先把两侧扶手围子装到座面上，再把靠背围子和两侧围子连接好，最后把三面围子整体向后推到底，这样三面围子就都被销在了座面上。再有，随着靠背围子长度的增加，走马销的间距应越小，也就是靠背围子越长，走马销的数量应越多。

461

榫卯构造

方料透视图

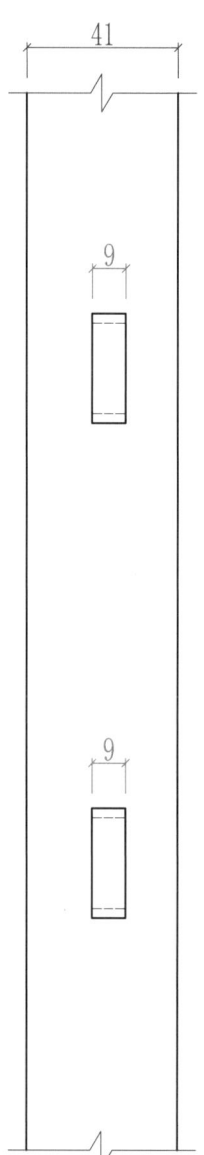

41

9

9

31 18

24 29

24 29

正视图	左视图
俯视图	

比例：1：2

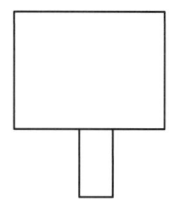

方料三视图

462

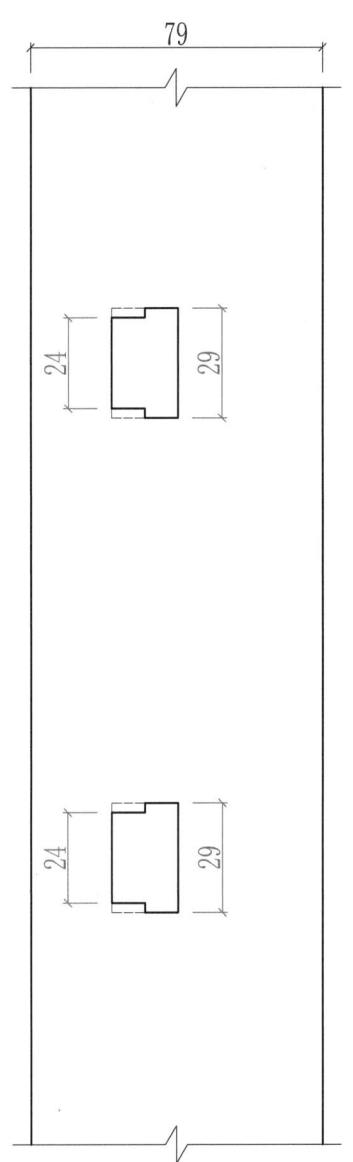

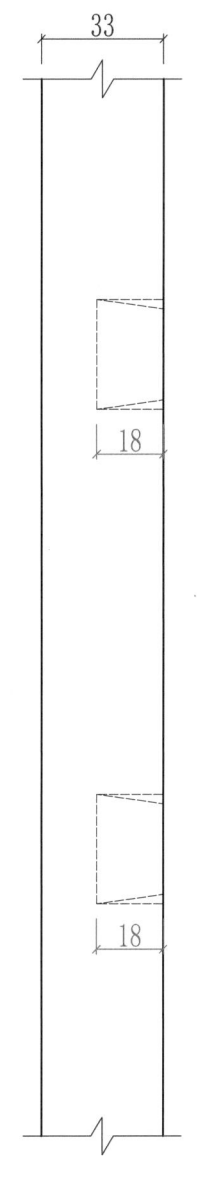

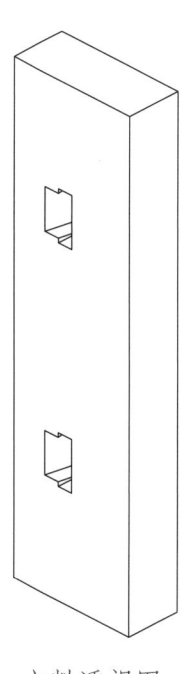

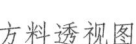

方料透视图

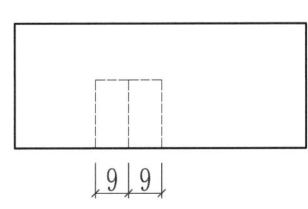

方料三视图

| 正视图 | 左视图 |
| 俯视图 | |

比例:1:2

3) 家具实例：现代中式红酸枝回纹拐子沙发

走马销结构之二
（单榫，前后销）

现代中式红酸枝回纹拐子沙发—整体图

图版清单（走马销结构之二）：

整体结构示意图
拆分结构示意图
整体透视图
方料透视图
方料透视图
方料三视图
方料三视图
现代中式红酸枝回纹
拐子沙发—整体图
现代中式红酸枝回纹
拐子沙发—细节图

走马销结构之二
（单榫，前后销）

现代中式红酸枝回纹拐子沙发—细节图

8. 走马销结构之三

1）基本概念

在古典家具制作中，走马销应用广泛，起到了现代金属连接件的作用。双榫走马销与单榫走马销外形相似，制作方法类似，但它要比单榫走马销牢固和稳定很多。

2）应用部位

适用于连接面比较大的部件，比如宝座围子和座面的连接处。

整体结构示意图

拆分结构示意图

榫卯构造

[榫卯口诀]

倾斜角度不宜大，
榫根过细强度差。
栽榫选材最重要，
腐烂裂纹均不行。

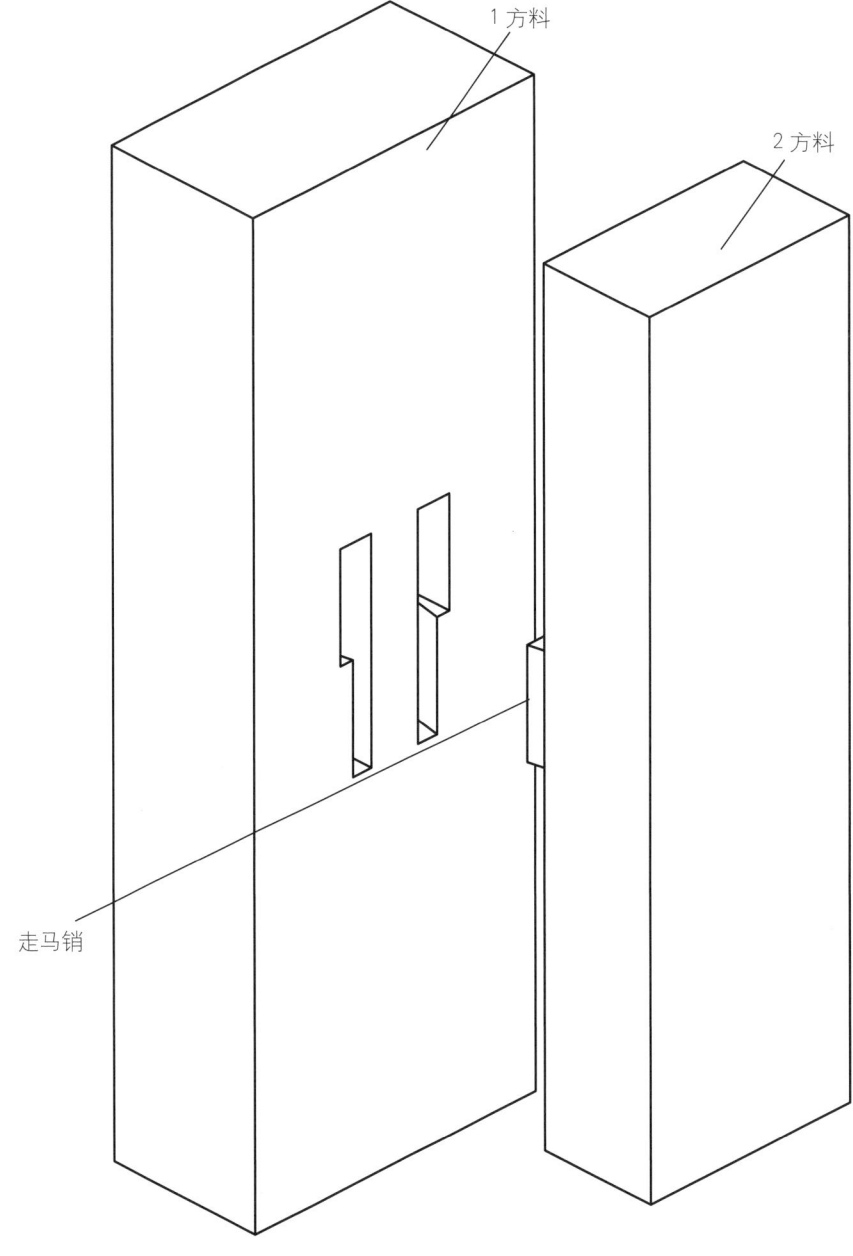

1 方料

2 方料

走马销

整体透视图

◆ 制作要点：

双榫走马销不必把每个榫头的两面都做成斜面，把榫头外侧面做成斜面即可。但要注意，走马销都是栽榫，栽榫的选材尤为重要，要选没有腐烂、裂纹、有强度的木材，尤其不要选木材的边材做榫头。它的细节要求和单榫走马销相同，同时还应注意榫头的斜度不宜过大，榫头根部太细会影响强度。

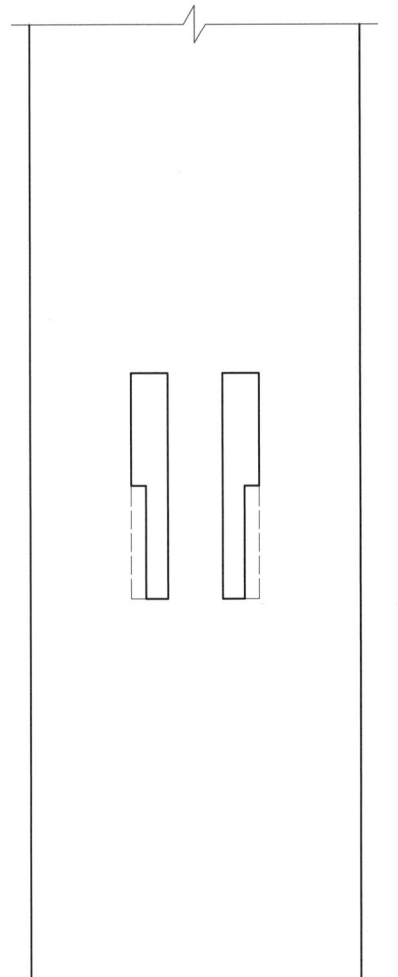
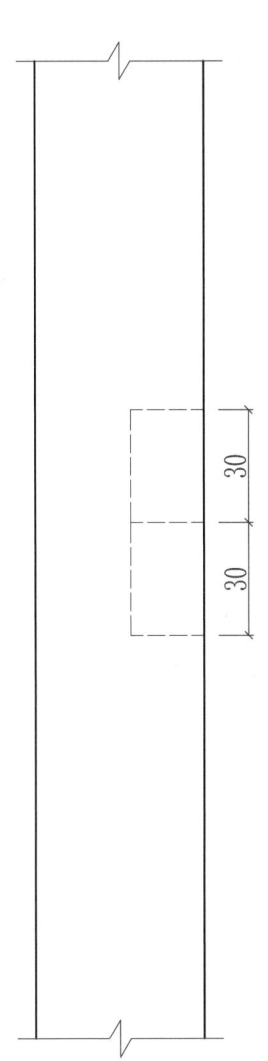
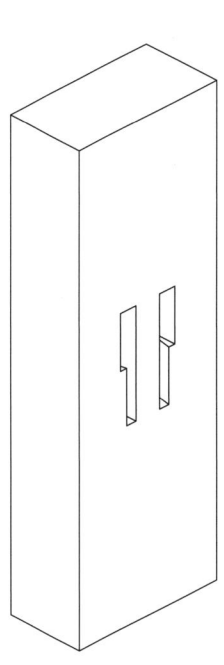

方料透视图

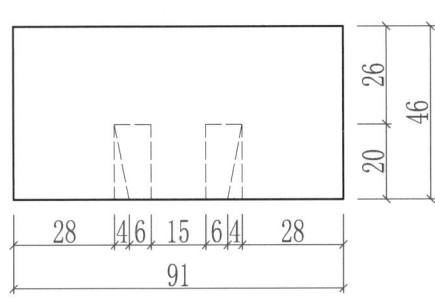

方料三视图

正视图　左视图

俯视图

比例：1：2

榫卯构造

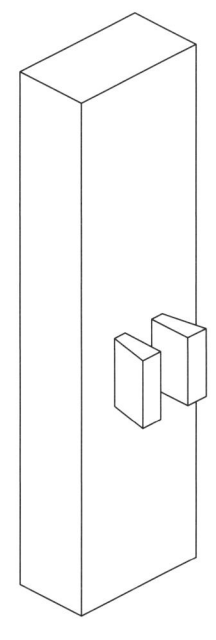

方料透视图

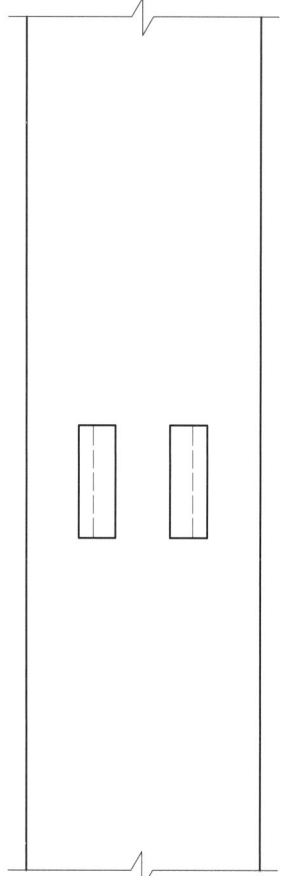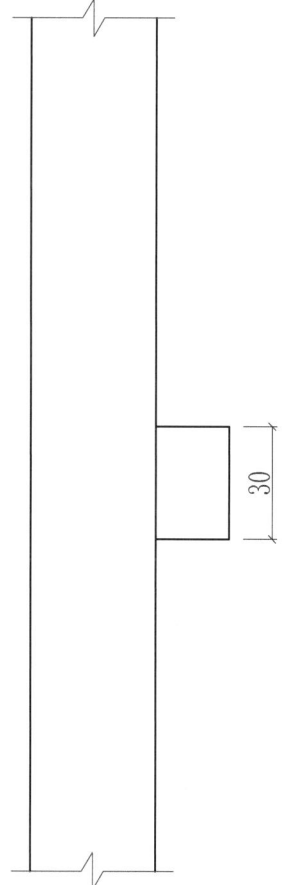

正视图　左视图

俯视图

比例: 1 : 2

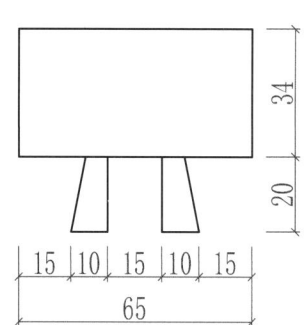

方料三视图

3) 家具实例：清式红酸枝雕龙宝座

走马销结构之三
（双榫，左右销）

清式红酸枝雕龙宝座—整体图

走马销结构之三
（双榫，左右销）

清式红酸枝雕龙宝座—细节图

图版清单（走马销结构之三）：
整体结构示意图
拆分结构示意图
整体透视图
方料透视图
方料透视图
方料三视图
方料三视图
清式红酸枝雕龙宝座—整体图
清式红酸枝雕龙宝座—细节图

9.穿销结构之一

1）基本概念

燕尾穿销在家具制作中经常用到，它的作用不可忽视。它的形状下大上小，从下边向上穿，把牙板、托腮、束腰和边抹紧紧销到一起，不但能使各构件接合严紧，最重要是能制约家具的各构件的下垂。此种形状的燕尾穿销很常见，制作也比较简单，应用广泛，此种结构使牙板和束腰的背面在一个平面上。

2）应用部位

用在比较长的牙板上与托腮、束腰、边抹接合处。

整体结构示意图

拆分结构示意图

[榫卯口诀]

制作简单应用广，

作用很大接合严。

穿销角度要一致，

榫头大小视牙板。

4 边抹

2 束腰

1 牙板

3 穿销

◆ 制作要点：

在制作燕尾穿销时应注意：燕尾穿销相对边抹的角度和腿足上的燕尾榫角度应一致，穿销的大小要视牙板的宽度而定。

整体透视图

榫卯构造

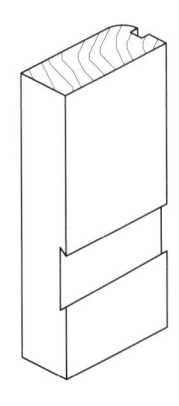

牙板透视图

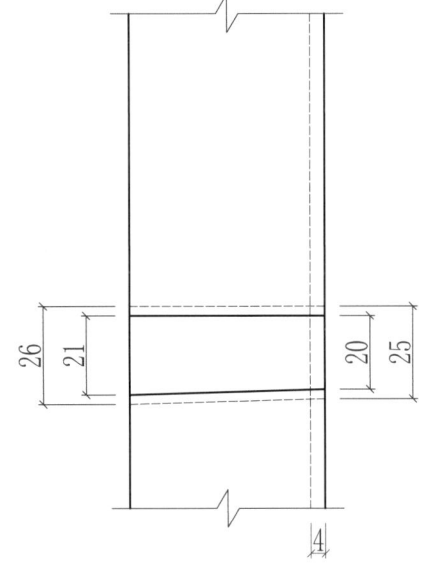

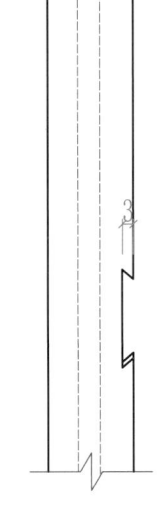

牙板三视图

正视图 | 左视图

俯视图

比例: 1 : 2

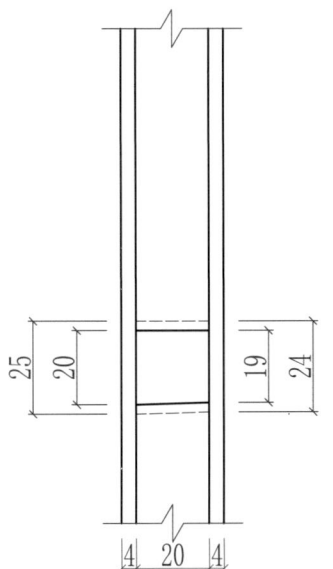

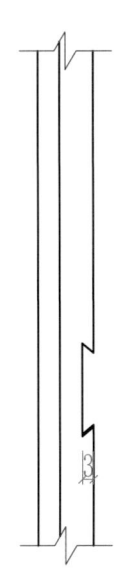

束腰三视图

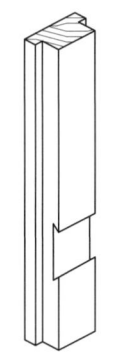

束腰透视图

| 正视图 | 左视图 |
| 俯视图 | |

比例: 1 : 2

榫卯构造

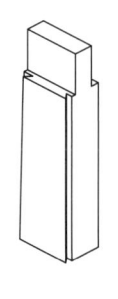

穿销透视图

正视图	左视图
俯视图	

比例：1：2

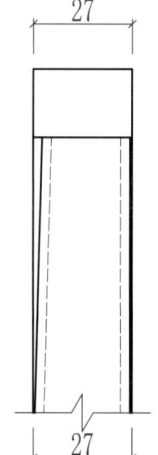

27

27

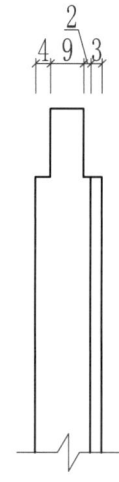

2
4 9 3

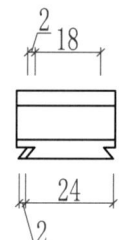

2 18

24

2

穿销三视图

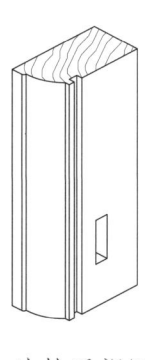

边抹透视图

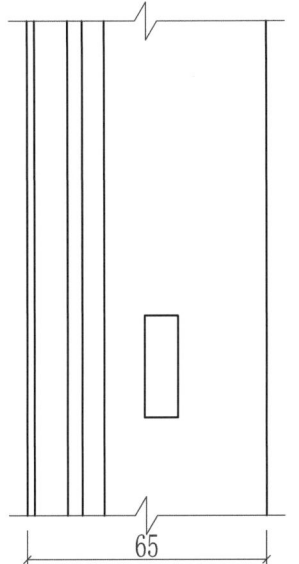

65

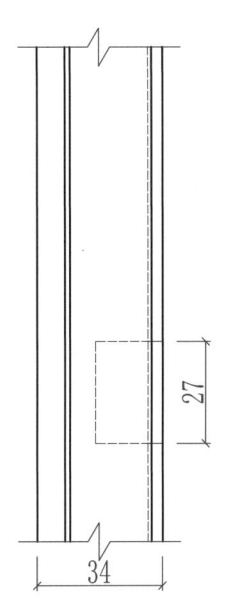

27

34

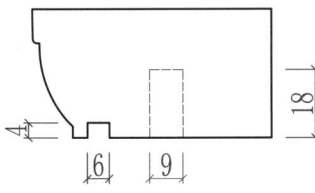

18

4

6 9

边抹三视图

正视图	左视图
俯视图	

比例：1：2

3）家具实例：现代中式红酸枝回纹拐子沙发

穿销结构之一 ————
（背面同平面）

现代中式红酸枝回纹拐子沙发—整体图

图版清单（穿销结构
之一）：
整体结构示意图
拆分结构示意图
整体透视图
牙板透视图
束腰透视图
穿销透视图
边抹透视图
牙板三视图
束腰三视图
穿销三视图
边抹三视图
现代中式红酸枝回纹
拐子沙发—整体图
现代中式红酸枝回纹
拐子沙发—细节图

穿销结构之一
（背面同平面）————

现代中式红酸枝回纹拐子沙发—细节图

10. 穿销结构之二

1）基本概念

此种结构的燕尾穿销与上一个结构类似，但是应用在牙板和束腰的背面不在一个平面的家具上。

2）应用部位

用在比较长的牙板上与托腮、束腰、边抹接合处。

整体结构示意图

拆分结构示意图

榫卯构造

【榫卯口诀】

燕尾穿销经常用，
拼缝严密防下沉。
把握角度是重点，
部件斜度相吻合。

4 边抹

3 束腰

2 托腮

1 牙板

5 穿销

整体透视图

◆ 制作要点：

这种燕尾穿销结构的制作要点是把握好燕尾销的角度，燕尾销每段的角度必须和相对应部件的斜度吻合，也就是燕尾销在做角度时和相对应腿足上的燕尾榫要在同一个平面上。

478

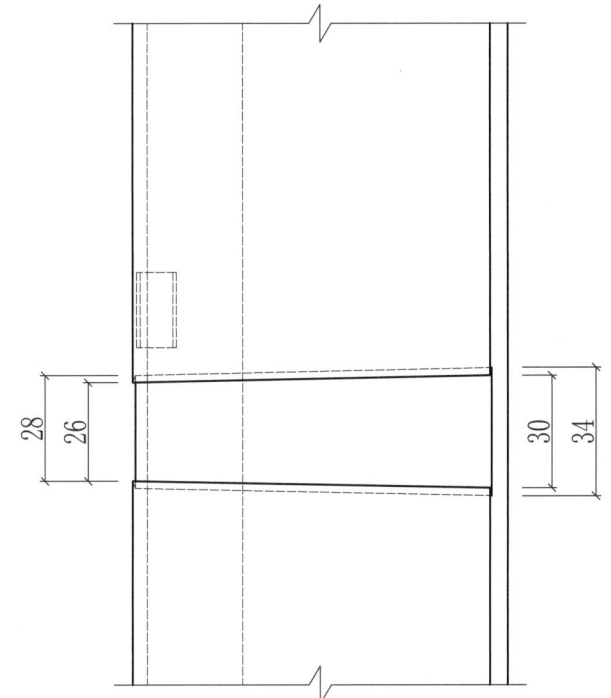

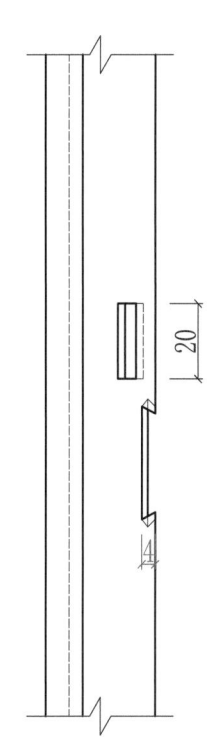

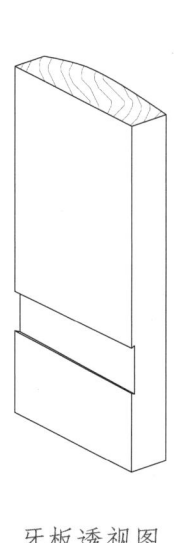

牙板透视图

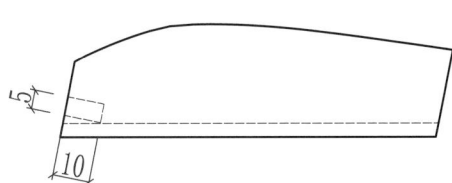

牙板三视图

| 正视图 | 左视图 |
| 俯视图 | |

比例：1：2

榫卯构造

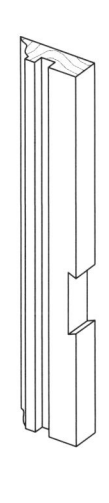

托腮透视图

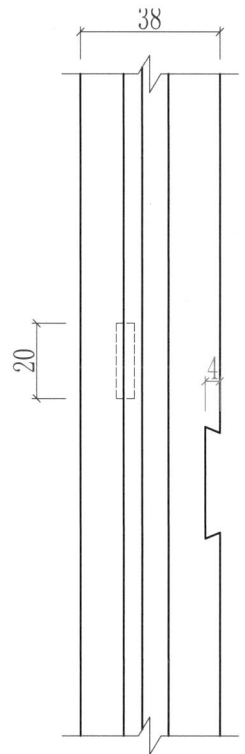

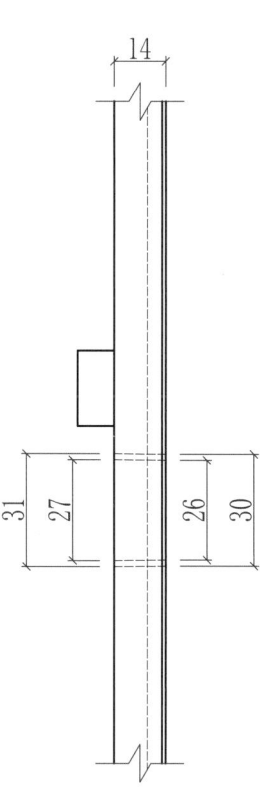

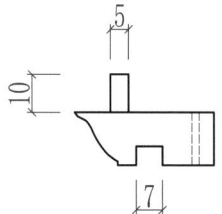

托腮三视图

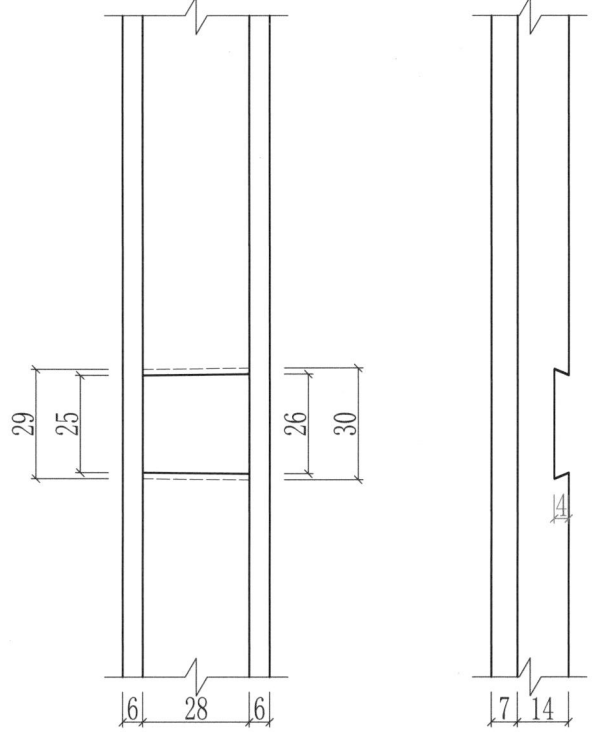

束腰三视图

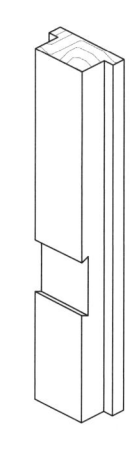

束腰透视图

正视图　左视图

俯视图

比例：1：2

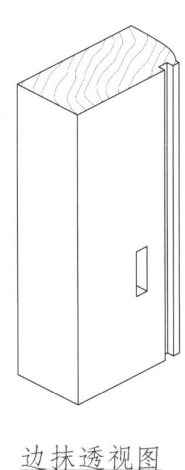

边抹透视图

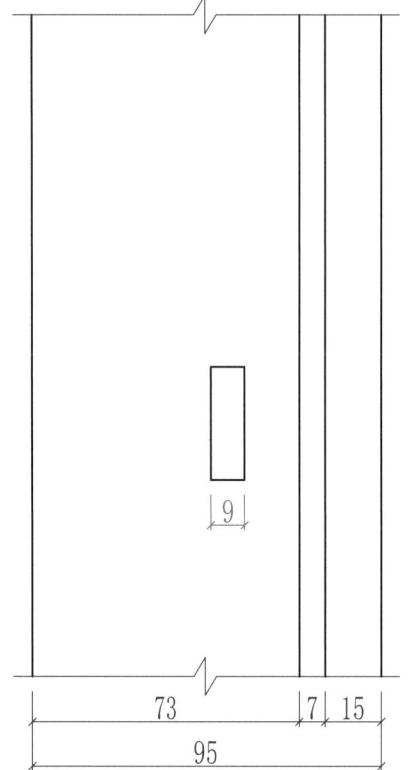

9

73 | 7 | 15

95

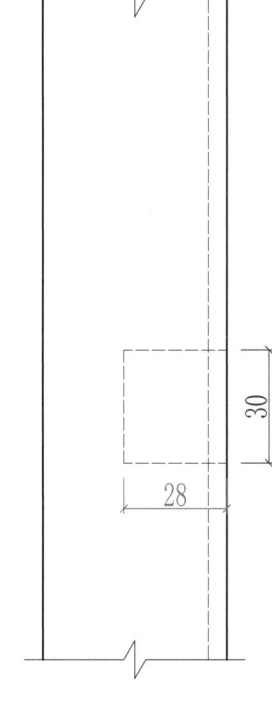

30

28

正视图	左视图

俯视图

比例: 1：2

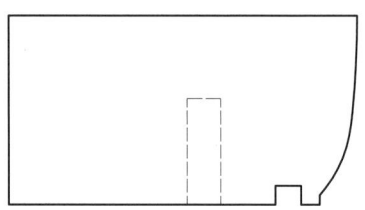

边抹三视图

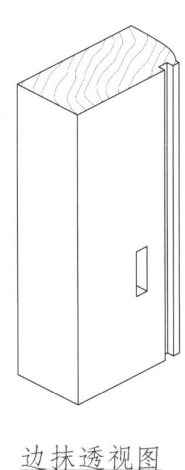

榫
卯
构
造

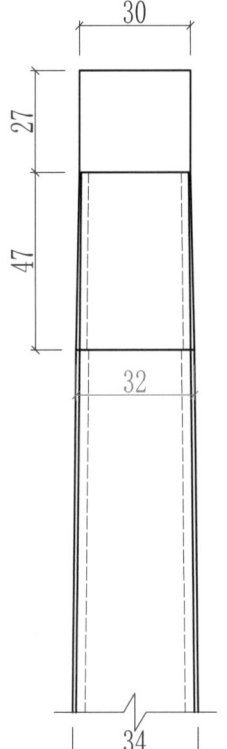

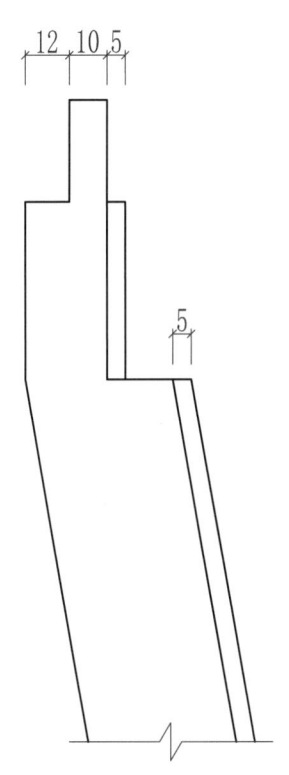

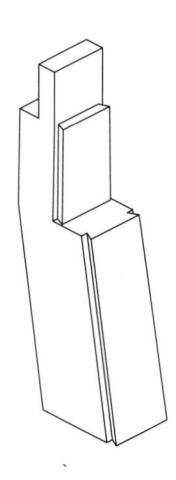

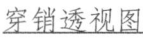

穿销透视图

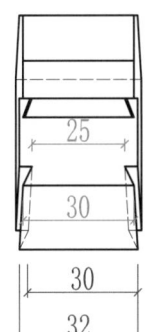

穿销三视图

正视图	左视图

俯视图

比例: 1 : 2

3）家具实例：清式红酸枝博古纹大床

穿销结构之二
（背面非平面）

清式红酸枝博古纹大床—整体图

穿销结构之二
（背面非平面）

清式红酸枝博古纹大床—细节图

榫卯构造之传承技艺 三

1. 变向榫

1) 基本概念

这是一款现代榫卯，应该说还没有一个准确的名称来称呼它。此款榫卯可以平行、垂直接合，而且都可以接合得严丝合缝，所以这是一种非常具有创新性的榫卯，开创了变换方向榫卯的先河。

2) 应用部位

可以用于制作家具，但成本较高；多用于制作一些突发奇想的创意家具，或者一些特殊的玩具。

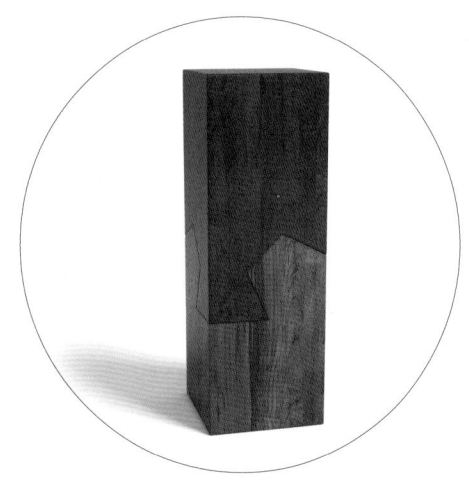

整体结构示意图

拆分结构示意图

【榫卯口诀】

创新榫卯新形式，
突发奇想成本高。
变换方向巧应用，
制作复杂要求精。

1 方料

2 方料

整体透视图

◆ 制作要点：

此榫卯结构制作非常复
杂，对精确度要求较高，
需要准确的画线，并且
需要借助一些特殊的工
具方能制作，或者采用
数控雕刻机制作，更为
精确方便。

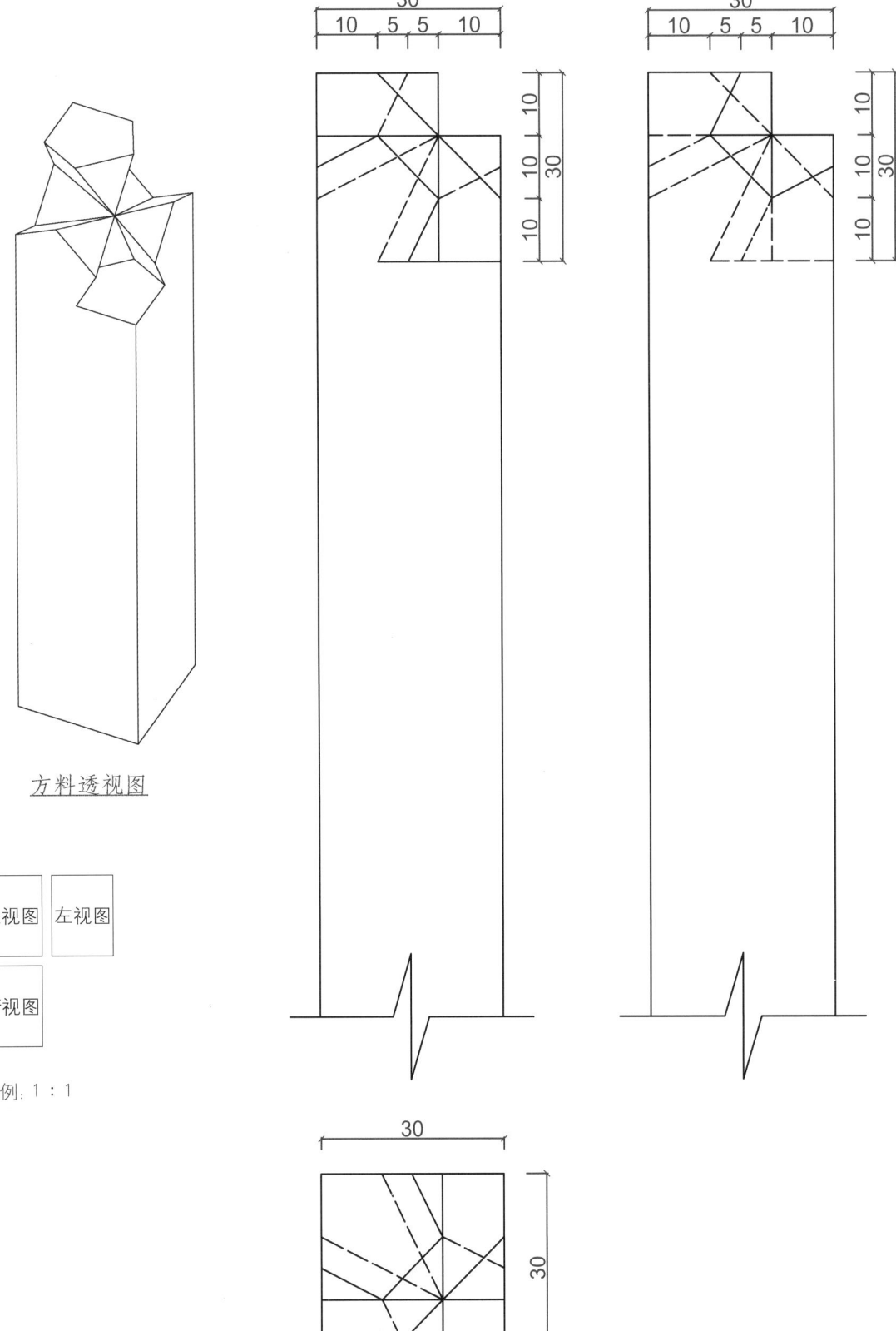

椫卯构造

方料透视图

正视图　左视图

俯视图

比例: 1 : 1

30
10　5　5　10

10　10　10
30

30
10　5　5　10

10　10　10
30

30

30

方料三视图

正视图　左视图

俗视图

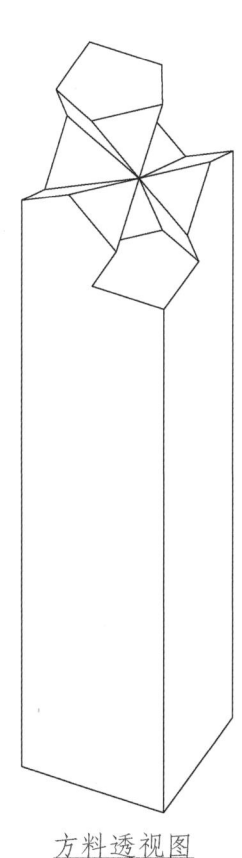

方料透视图

比例: 1：1

方料三视图

图版清单（变向榫）：
整体结构示意图
拆分结构示意图
整体透视图
方料透视图
方料透视图
方料三视图
方料三视图

传承技艺

489

2. 锁头榫

1) 基本概念

此结构在主榫的制作方面比较简单。主榫类似于一个开放的直榫，用于控制木材前后方向的位移。下部有一段延长的倾斜方向的榫头，用于防止木头继续向下对穿；另使用两根大小头的楔钉，斜着插入主榫中间，使木材左右方向无法移动。三者相互配合，可以得到一个非常稳固的线连接结构。

2) 应用部位

用于木材方料的横向连接。

整体结构示意图

拆分结构示意图

【榫卯口诀】

主榫制作较简单，

控制方向卡位移。

楔钉斜入互配合，

稳固连接新方法。

1 方料

2 方料

3 楔钉

整体透视图

◆ 制作要点：

此结构整体制作较为复杂，需理解整体结构后方可画线制作。楔钉必须大小合适，过紧会撑裂木头，过松会导致主榫脱落。

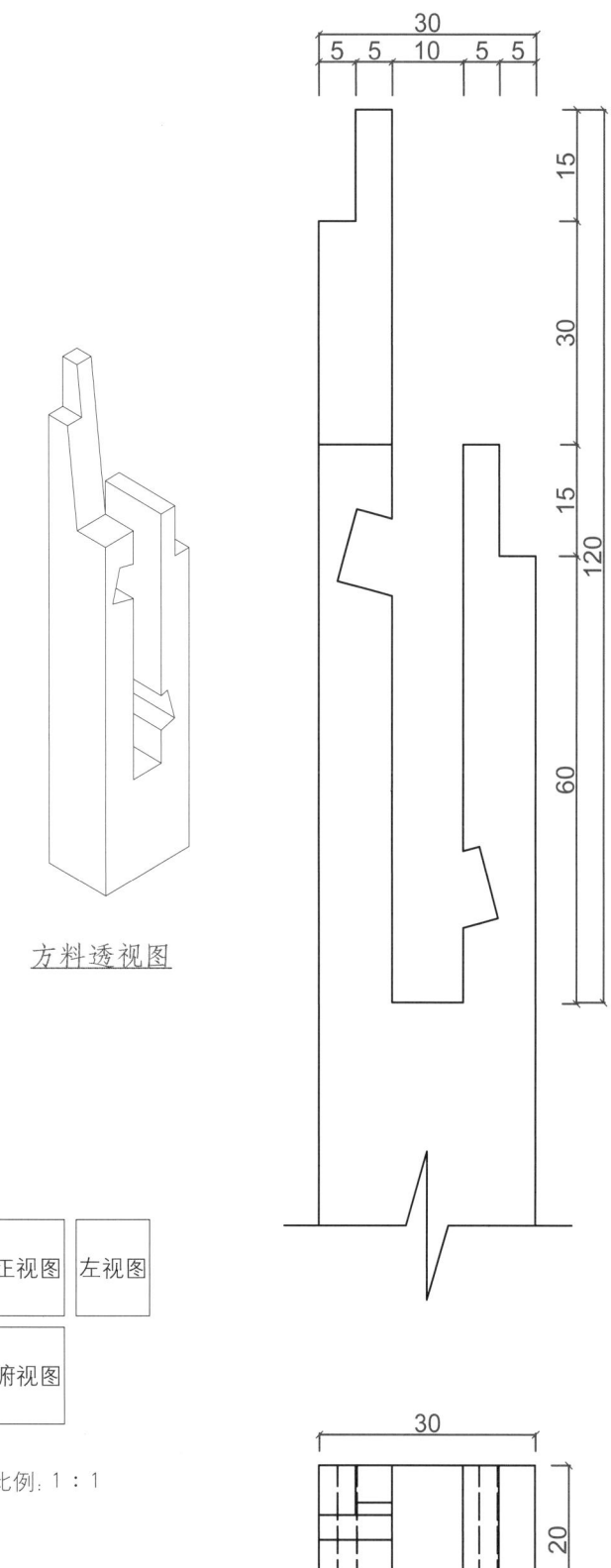

方料透视图

正视图 | 左视图

俯视图

比例：1：1

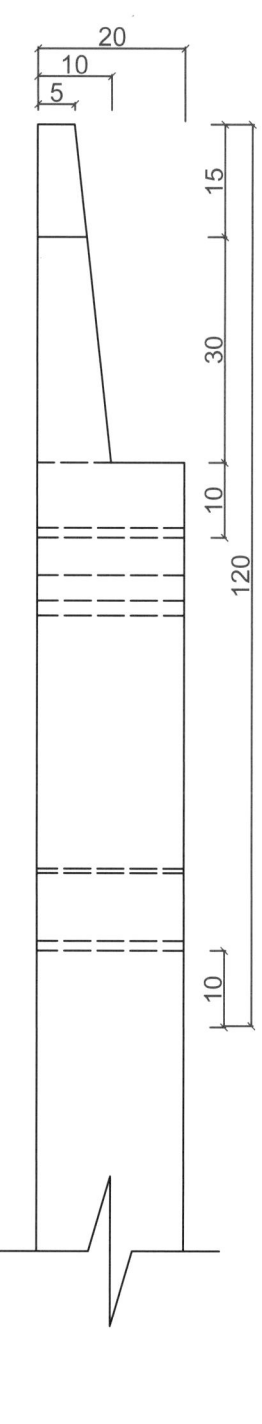

方料三视图

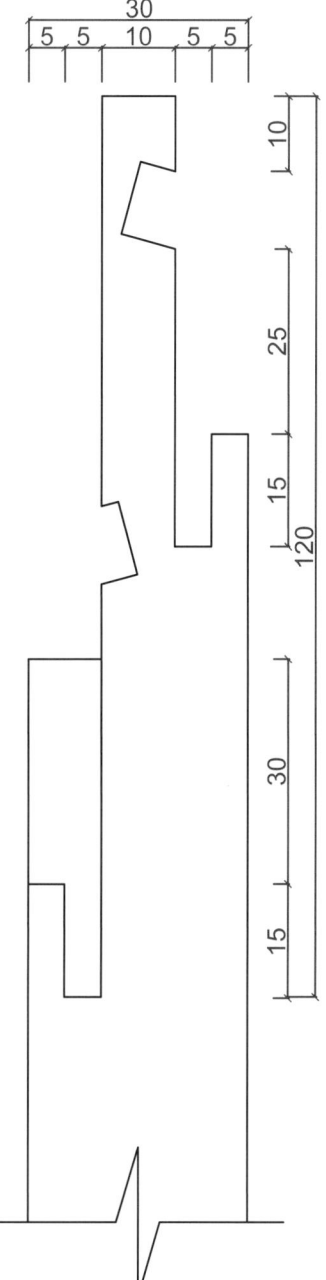

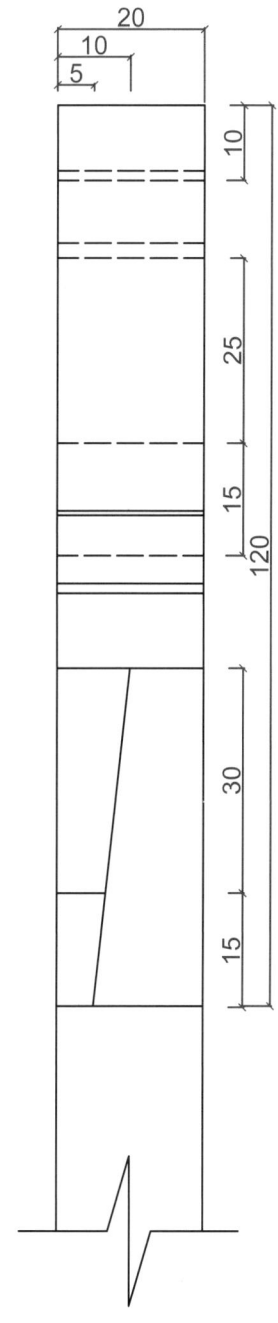

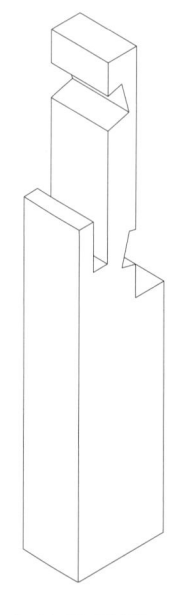

方料透视图

正视图	左视图
俯视图	

比例：1：1

图版清单（锁头榫）：
整体结构示意图
拆分结构示意图
整体透视图
方料透视图
方料透视图
方料三视图
方料三视图

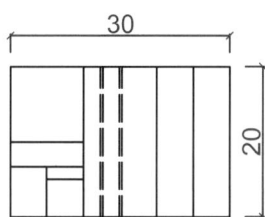

方料三视图

3. 合掌榫

1) 基本概念

此结构是一种常见的直材连接方式。在木材上切割出上下两片榫头，互相交替上下插入，在搭扣中部剔凿方孔，将一枚断面为方形、一边稍粗一边稍细的楔钉插入，使其不可移动。

2) 应用部位

用于木材方料的横向连接。

整体结构示意图

拆分结构示意图

[榫卯口诀]

直材连接新结构，
长度不够常使用。
制作复杂难度大，
凿出斜度插楔钉。

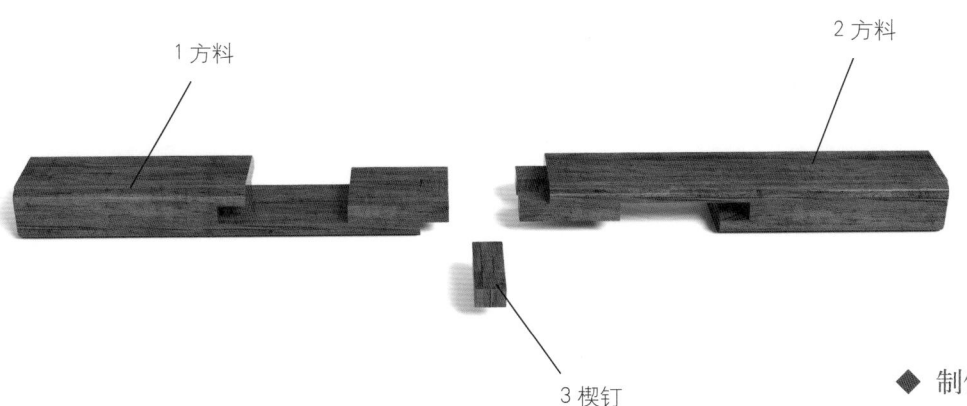

1 方料

2 方料

3 楔钉

整体透视图

◆ 制作要点：

此结构制作较为复杂，
先在两根木料上切割出
等距离的两段榫卯，然
后拼合。再在两根木材
交接中部凿出有斜度的
卯眼，并根据卯眼大小
制作楔钉。

495

榫卯构造

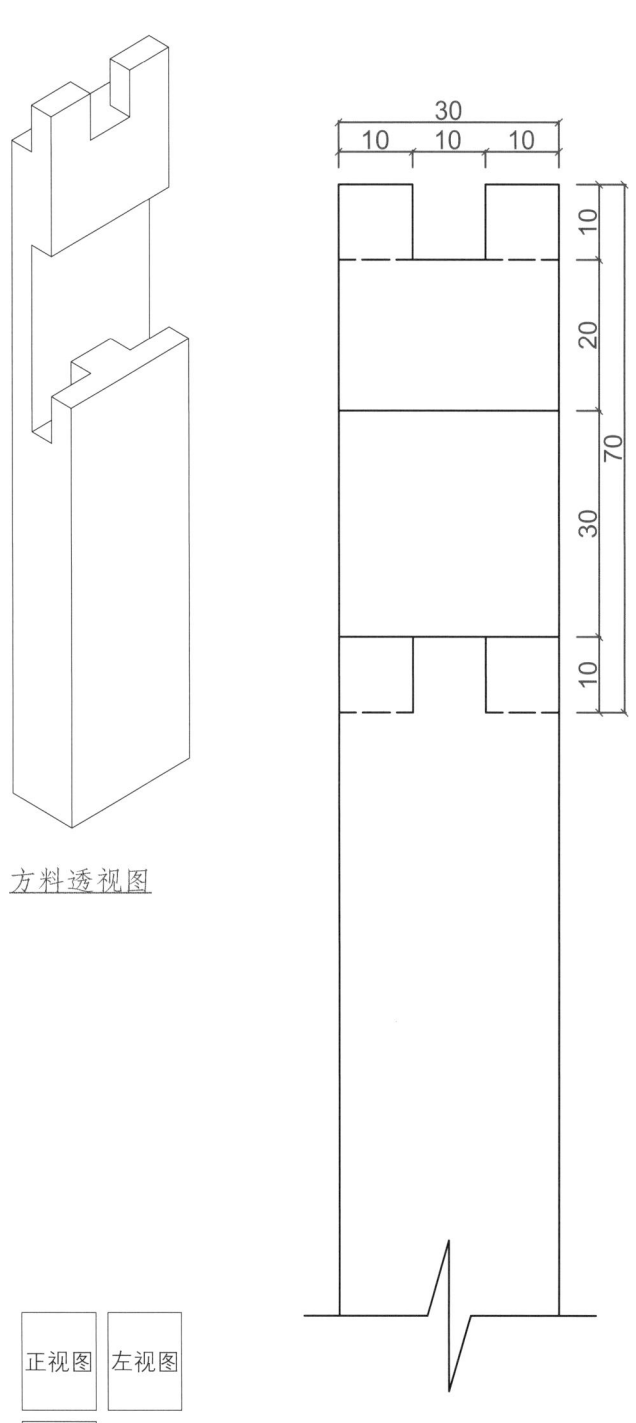

方料透视图

| 正视图 | 左视图 |
| 俯视图 |

比例：1 : 1

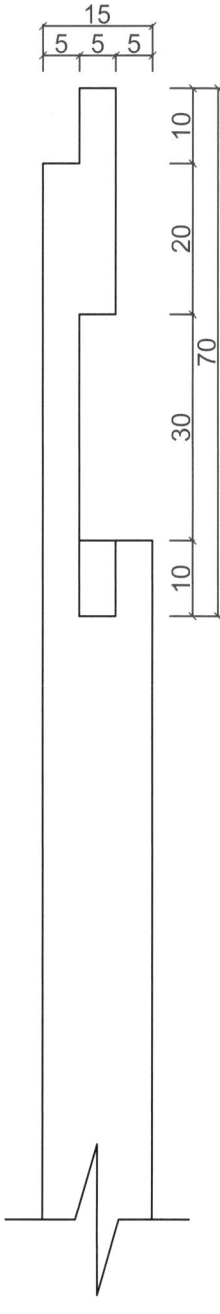

方料三视图

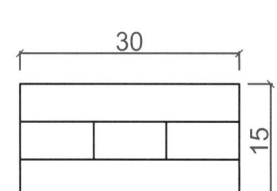

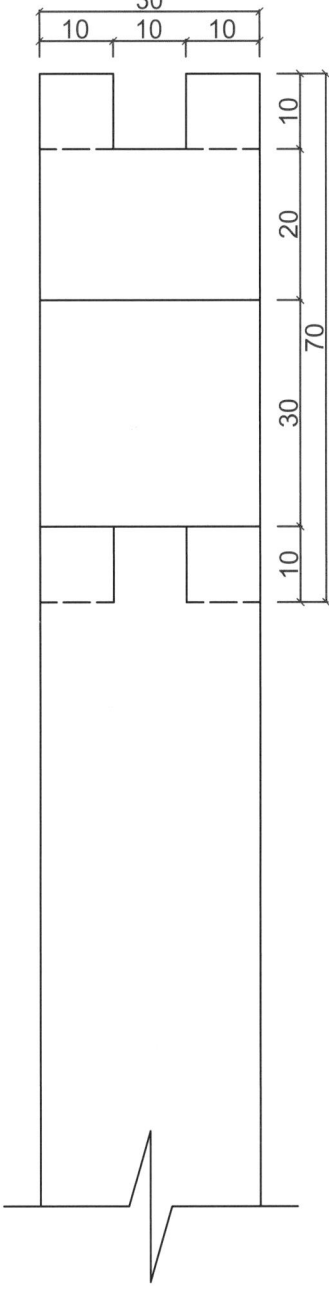

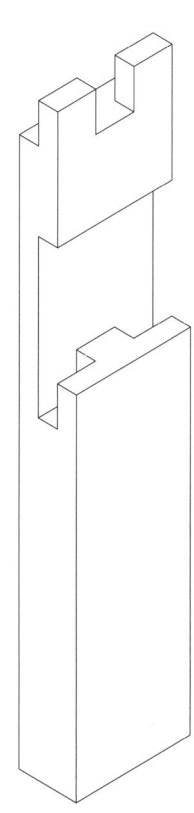

方料透视图

正视图 左视图

俯视图

比例：1：1

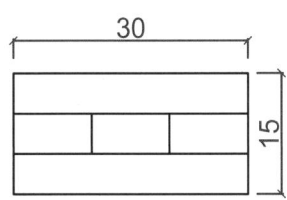

方料三视图

传承技艺

4．箭头榫

1）基本概念

此结构是一种典型的现代榫卯，由左右对称的双箭头组成榫和卯，采用上下插入的方法来接合，观赏性和实用性并存。此结构类似于合掌榫，也是用于木材线连接。

2）应用部位

用于木材方料的横向连接；或者纯粹用于装饰，以增加作品观赏性。

整体结构示意图

拆分结构示意图

【榫卯口诀】

典型榫卯新结构，

左右对称双箭头。

上下插入互衔接，

美观实用共体现。

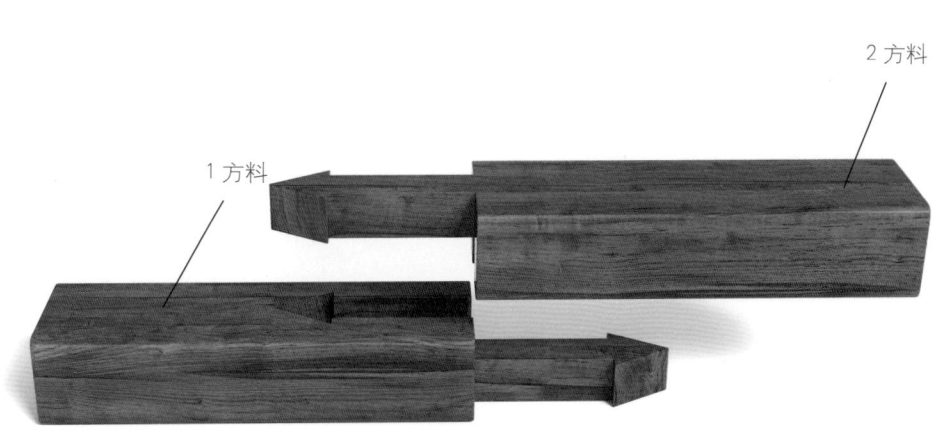

2 方料

1 方料

整体透视图

◆ 制作要点：

此结构在制作前需要精确地进行计算和绘图，或者使用模板画出样板后使用凿和精密锯来制作。现代大批量制作多使用数控雕刻机来完成，精度较高且制作效率高。

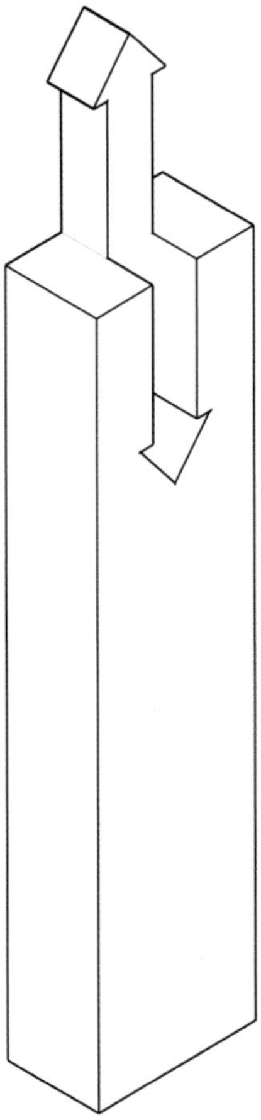

榫卯构造

方料透视图

| 正视图 | 左视图 |
| 俯视图 |

比例: 1 : 1

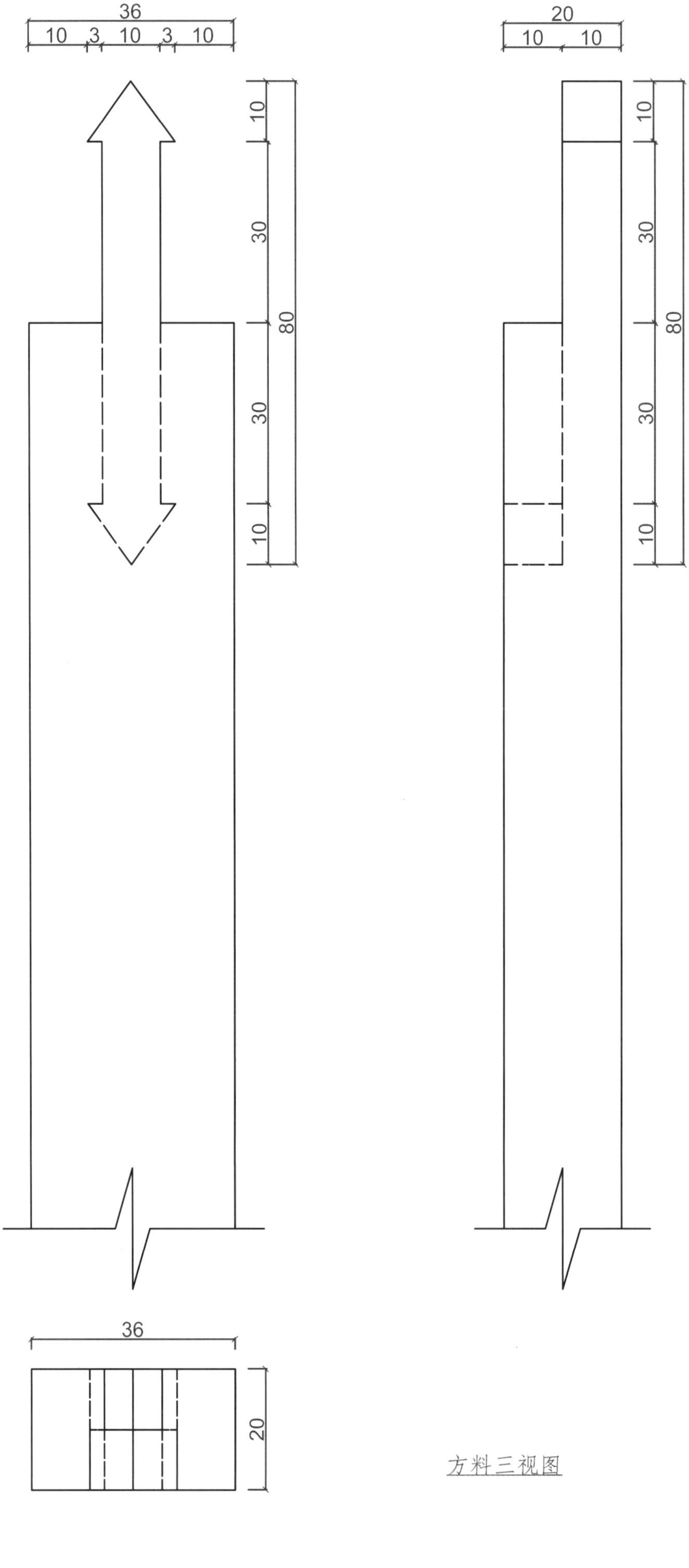

36
10 3 10 3 10

10
30
80
30
10

20
10 10

10
30
80
30
10

36

20

方料三视图

方料三视图

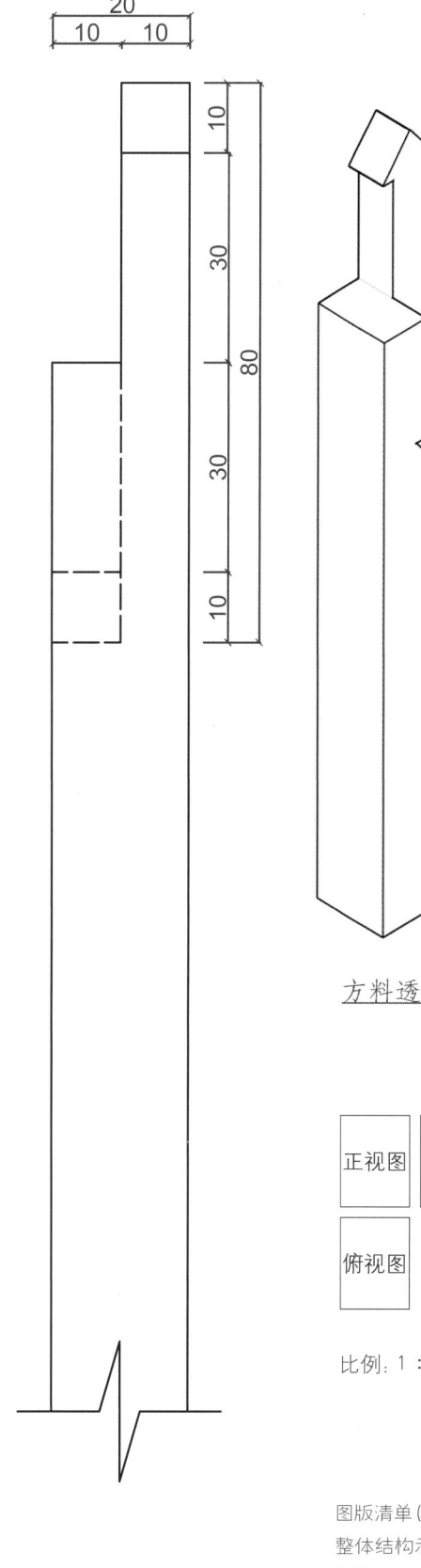

方料透视图

正视图　左视图

俯视图

比例: 1 : 1

图版清单(箭头榫):
整体结构示意图
拆分结构示意图
整体透视图
方料透视图
方料透视图
方料三视图
方料三视图

501

5．圆棒榫

1）基本概念

此结构是一种现代使用较多的榫卯，可以用于木板的拼接，木块端面和端面的连接，制作简单但强度较低。

2）应用部位

横枨和立柱的连接，拼板结构。

整体结构示意图

拆分结构示意图

【榫卯口诀】

现代榫卯最常见，

制作简单强度低。

横枨立柱接合用，

拼板定位要准确。

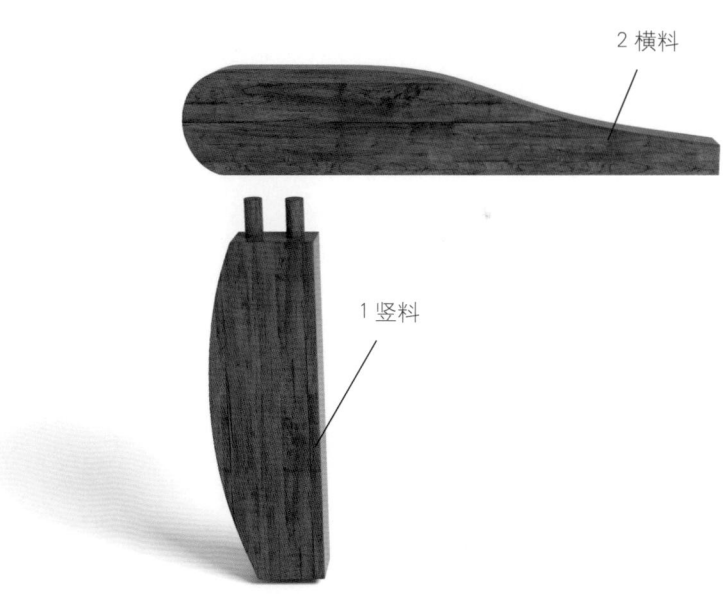

2 横料

1 竖料

整体透视图

◆ 制作要点：

此结构制作较为简单，可以把两根木材夹住用电钻直接打穿，再放入圆棒榫即可；如果需要拼板，定位前先钻一边孔，然后使用定位器确定另一边的孔位，这需要比较精确的计算。

竖料透视图

正视图　左视图

俯视图

比例：1：1

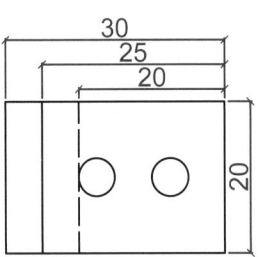

竖料三视图

504

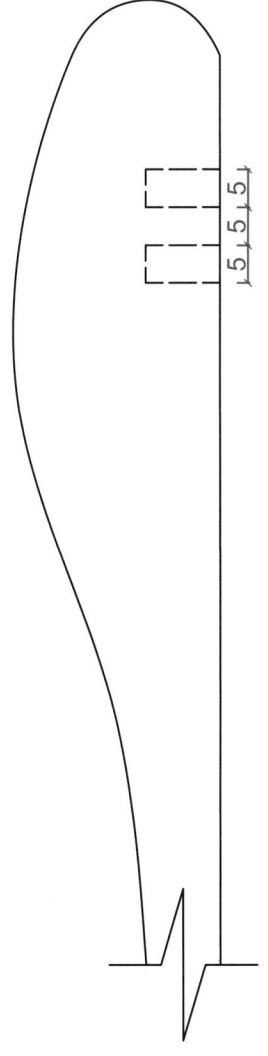

Ø5

Ø5

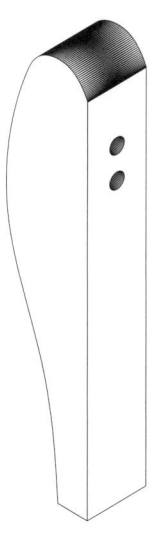

<u>横料透视图</u>

28
18 10

8
5
8

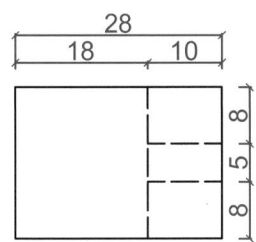

<u>横料三视图</u>

正视图	左视图

俯视图

比例: 1：1

图版清单（圆棒榫）:
整体结构示意图
拆分结构示意图
整体透视图
竖料透视图
横料透视图
竖料三视图
横料三视图

6. 双扣榫

1）基本概念

此结构为一种现代榫卯，由三根木材组成十字相交结构。主榫为一个标准直透榫卯接合结构，再在凿卯眼的木料上沿外边缘分别凿出相等的两个卯眼，将另一根木料在对应位置凿去中间部分，留下两边的双榫头结构，这样插入后就可以得到一个四交叉结构。

2）应用部位

多用于大型架构的中间连接部分。

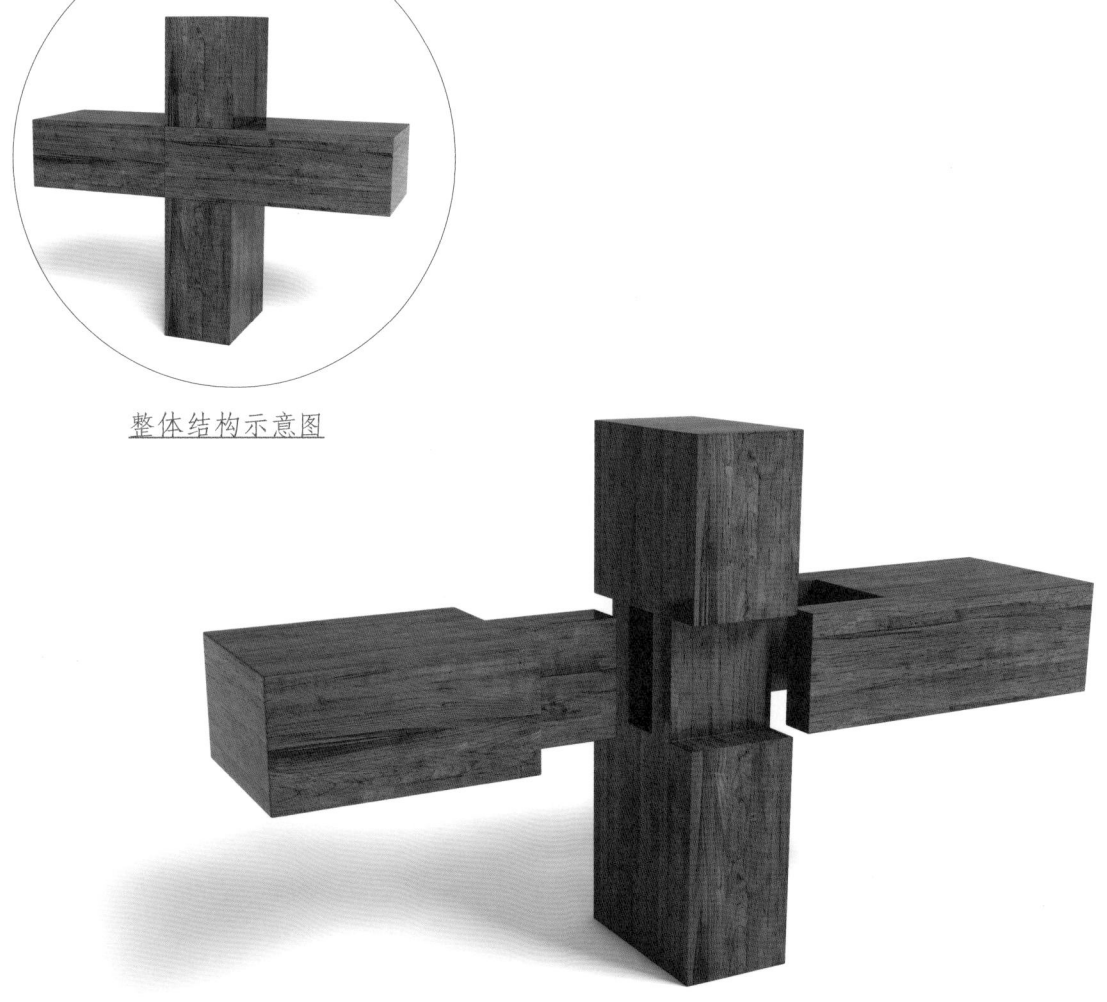

整体结构示意图

拆分结构示意图

【榫卯口诀】

主榫直透榫接合，
另加双榫十字接。
中间木材出三卯，
厚度需要有保证。

2 方料

1 方料

3 方料

整体透视图

◆ 制作要点：

此结构制作并不难，但因为需要在一根木料上开出三个卯眼，所以对木料厚度有一定要求，太细的木料不适合采用这种结构。主榫卯为基础的直透榫连接结构，边缘剔凿的卯眼需要计算好尺寸，距离要适中，不可过大或过小，以保证结构强度。

榫卯构造

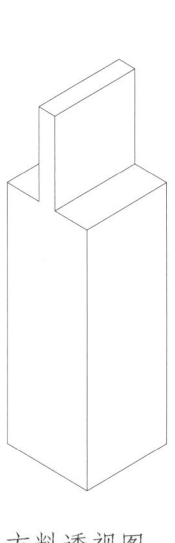

方料透视图

正视图 左视图

俯视图

比例: 1:1

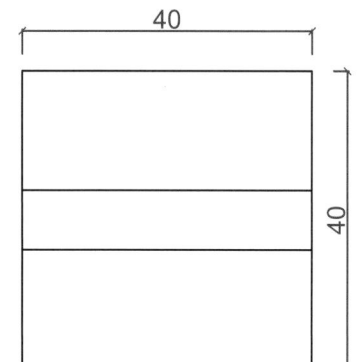

方料三视图

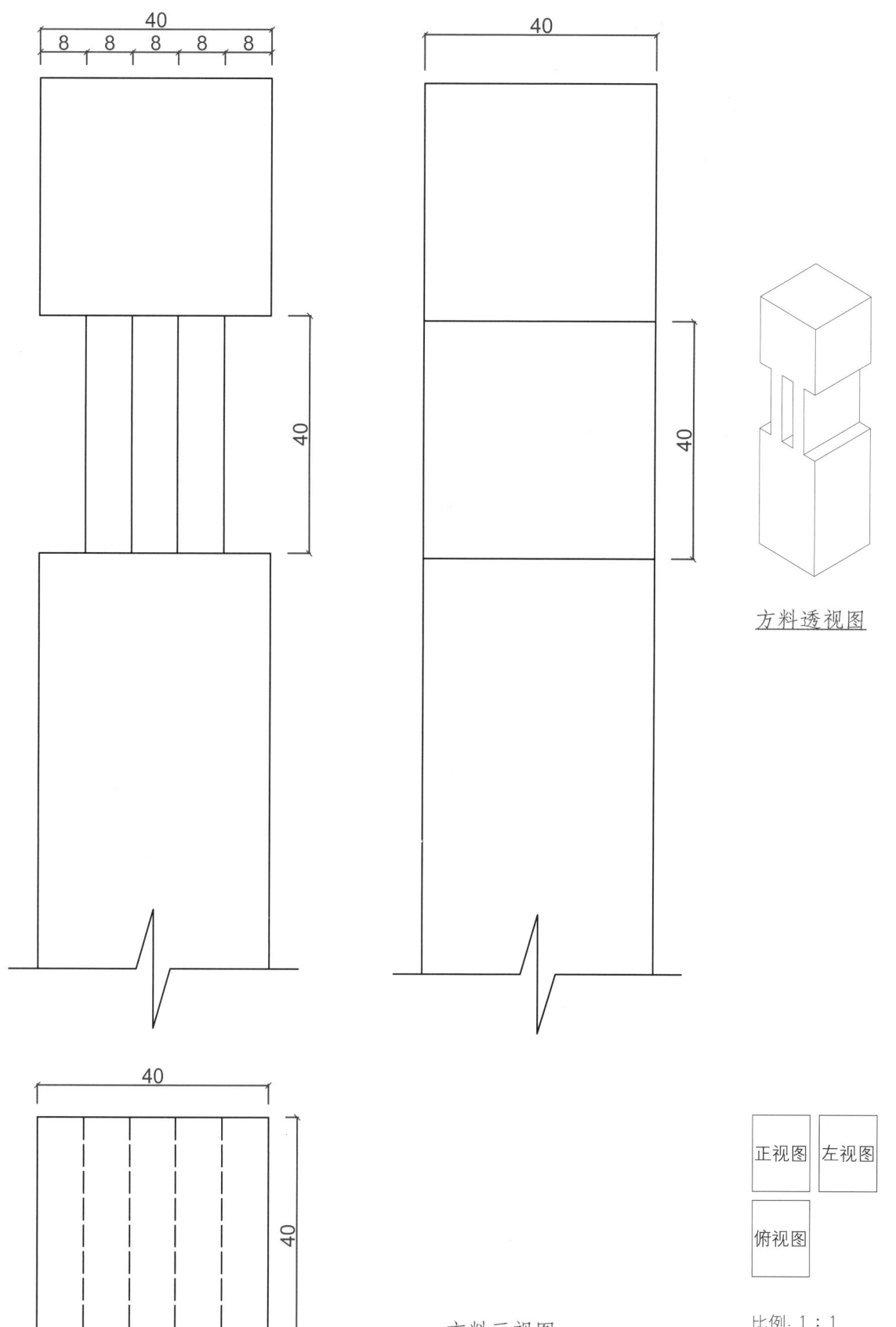

方料透视图

方料三视图

| 正视图 | 左视图 |
| 俯视图 | |

比例：1∶1

榫卯构造

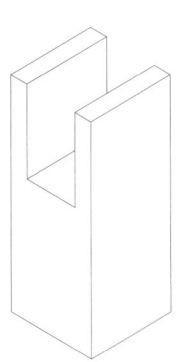

方料透视图

| 正视图 | 左视图 |
| 俯视图 | |

比例: 1:1

图版清单（双扣榫）:
整体结构示意图
拆分结构示意图
整体透视图
方料透视图
方料透视图
方料透视图
方料三视图
方料三视图
方料三视图

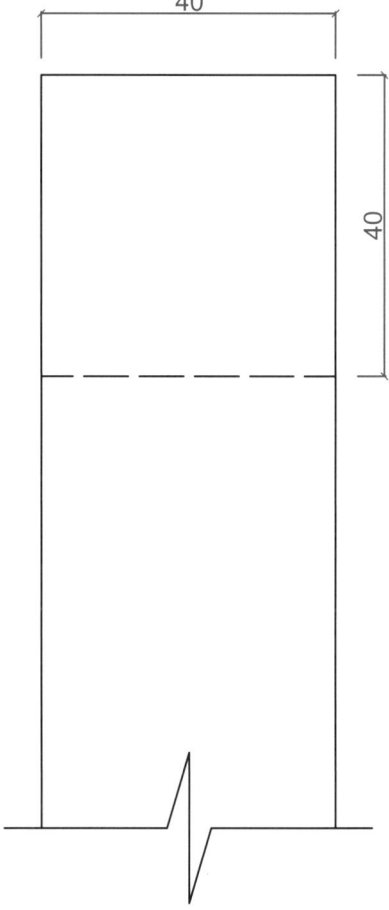

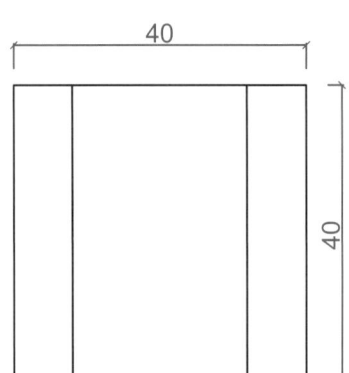

方料三视图

7. 插销榫

1）基本概念

把普通双直透榫做长，直到伸出卯眼以外，并在伸出的榫头上打洞，并插入圆棒榫楔钉。此结构强度非常高，几乎没有松散的可能。

2）应用部位

因为伸出部分凸出于家具表面，因此此结构比较适合制作风格比较粗犷的家具腿部，多起到装饰作用。

整体结构示意图

拆分结构示意图

榫卯构造

[榫卯口诀]

直榫做长出卯眼，

强度极高装饰美。

楔子大小需合适，

以免插入材断裂。

1 横料

3 楔钉

2 竖料

◆ 制作要点：

此结构制作难度和普通直透榫相似，但需要注意榫头伸出部位需要留够长度和厚度，楔钉大小也要合适，以免插入后断裂或者砸劈木材。

整体透视图

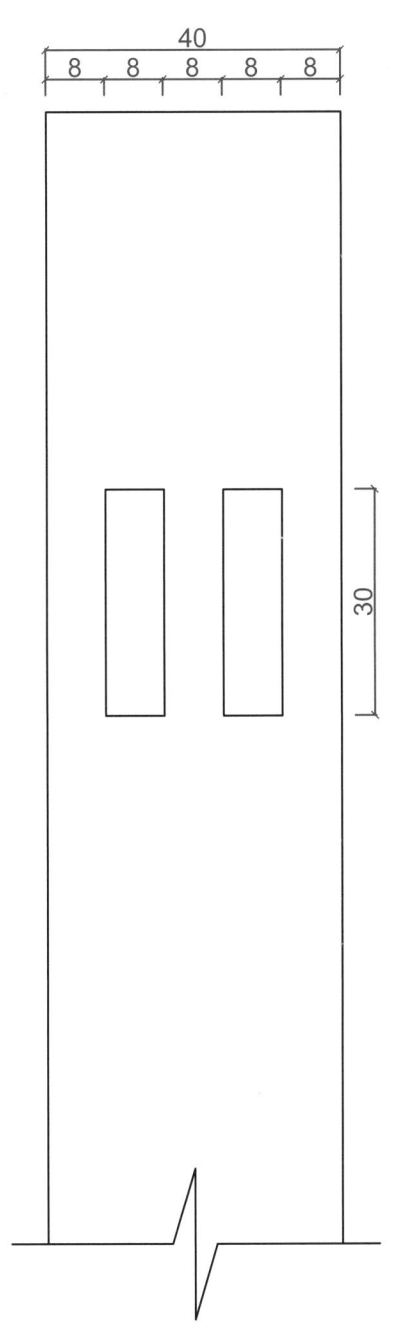

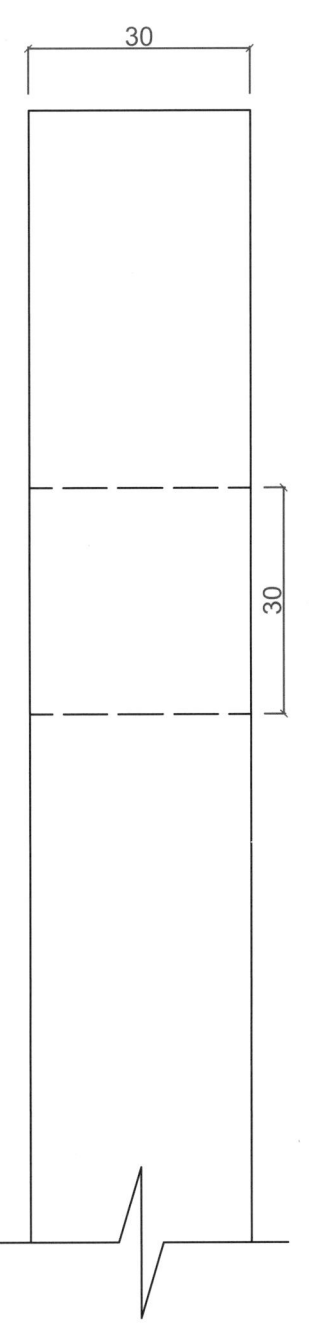

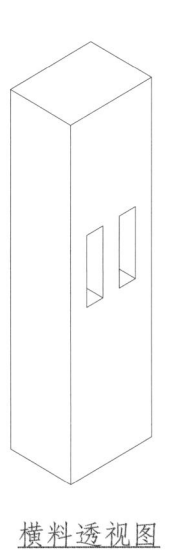

横料透视图

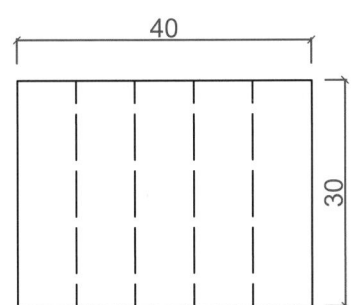

横料三视图

正视图　左视图

俯视图

比例: 1 : 1

传承技艺

榫卯构造

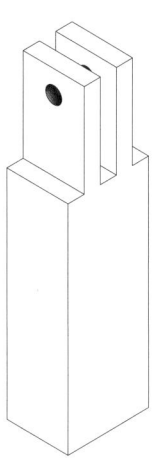

竖料透视图

正视图	左视图

俯视图

比例：1：1

图版清单（插销榫）：
整体结构示意图
拆分结构示意图
整体透视图
横料透视图
竖料透视图
横料三视图
竖料三视图

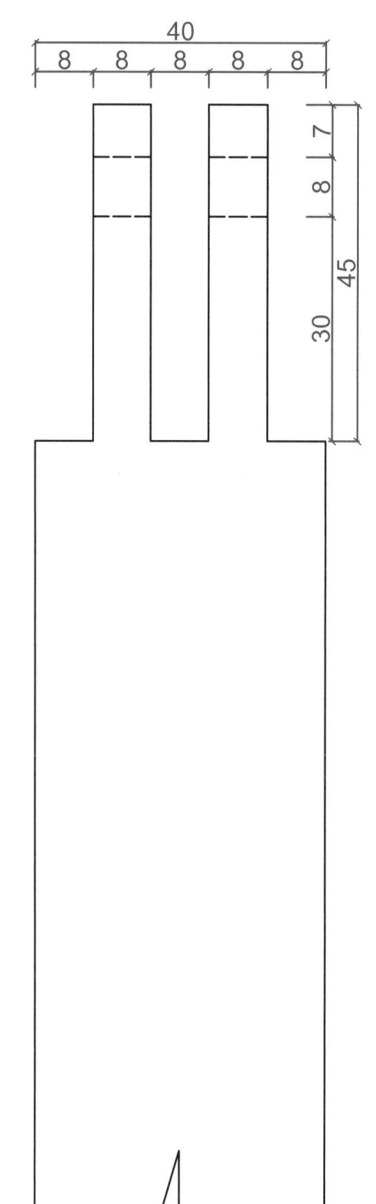

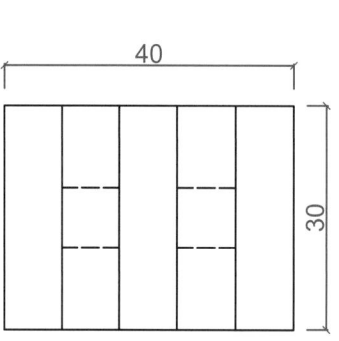

竖料三视图

8. 现代裹腿榫

1）基本概念

此结构是一种现代榫卯，类似于传统的抱肩榫。此结构为一方两板结构，竖材为方材，左右横料为板材。榫头和卯眼都单独交叉包裹，强度较高。竖料内凹，横料外凸，两板相交处做 45 度格角，美观不张扬，体现了中国古代传统的内敛美学。

2）应用部位

多用于桌或椅子腿部和面板边框的接合处。

整体结构示意图

拆分结构示意图

榫卯构造

[榫卯口诀]

抱肩榫卯新做法，
交叉包裹桌椅腿。
两板相接格角交，
美观内敛扬技艺。

1 横料

2 竖料

3 横料

整体透视图

◆ 制作要点：

此榫卯制作较为复杂，需要精确的画线，在竖材上开出相应的卯眼，两横材需要制作相应卯眼，并在交接的顶头处切出 45 度对角，接合后紧密并且很美观。

516

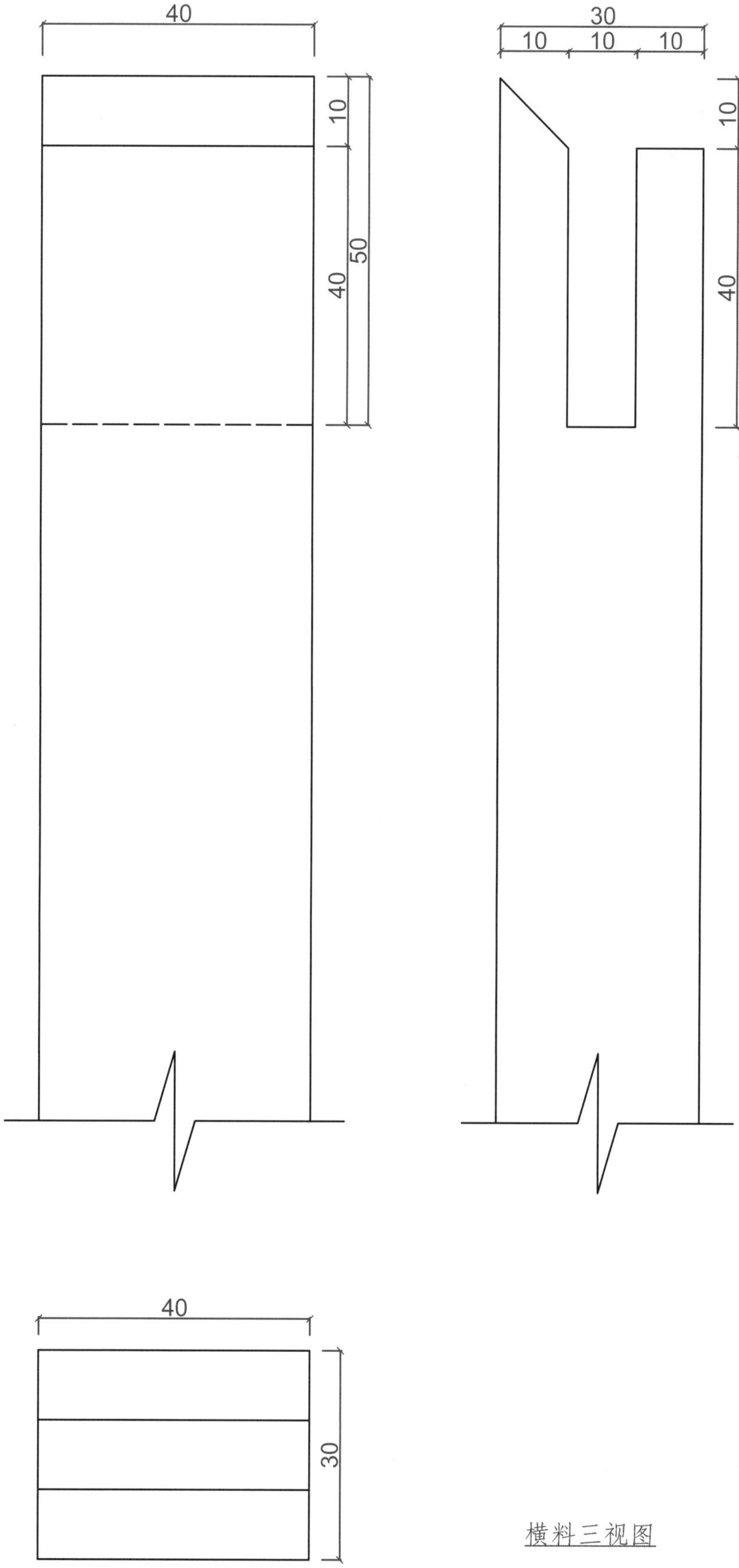

40

10
50
40

30
10 10 10

10
50
40

横料透视图

40

30

横料三视图

传承技艺

| 正视图 | 左视图 |

| 俯视图 |

比例：1：1

517

榫卯构造

竖料透视图

40
20 | 10 | 10
30

40
20 | 10 | 10
30

竖料三视图

| 正视图 | 左视图 |
| 俯视图 | |

比例: 1 : 1

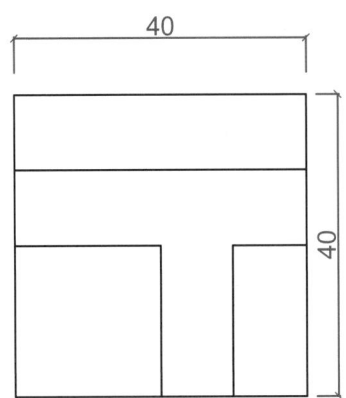

40
40

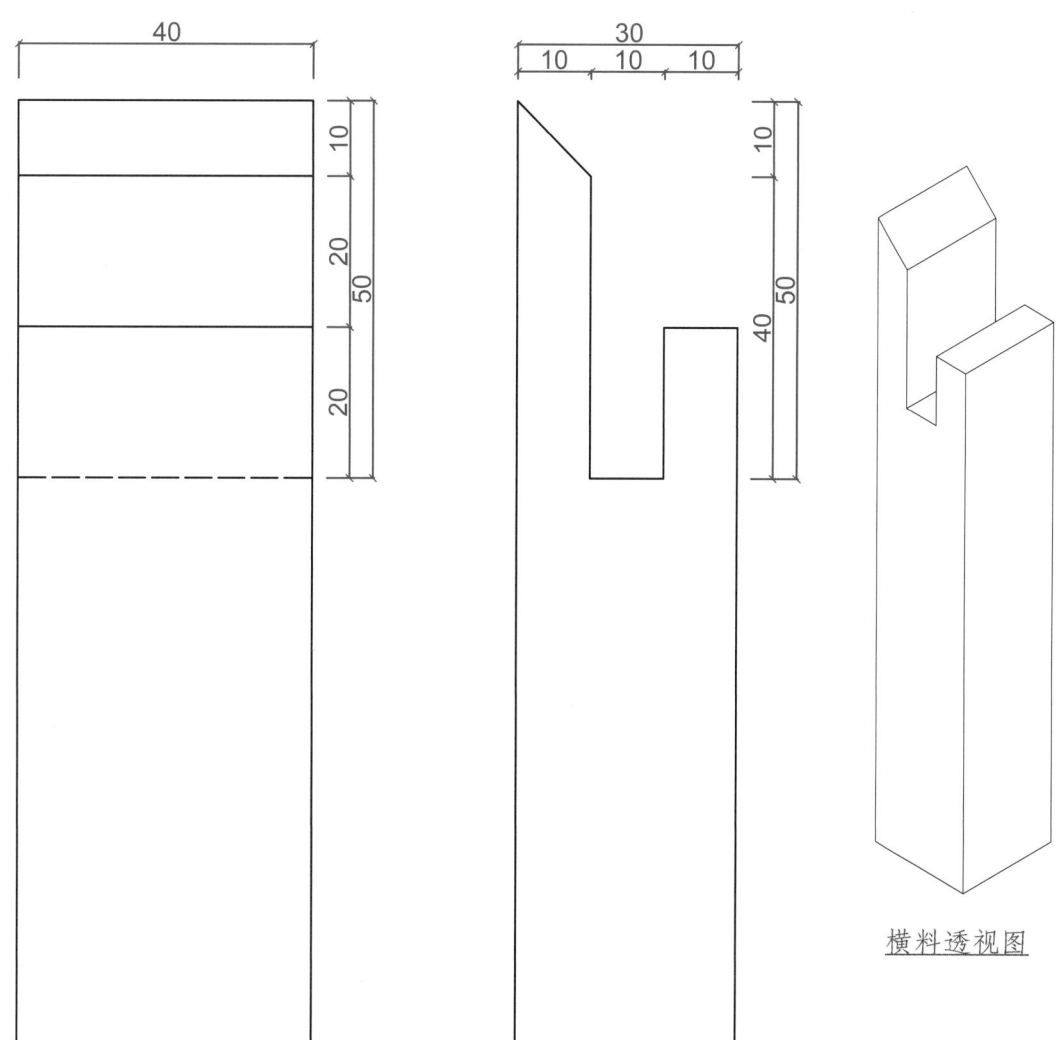

横料透视图

正视图　左视图

俯视图

比例：1：1

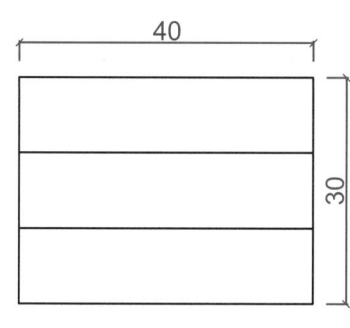

横料三视图

传承技艺

9. 三板交叉榫

1）基本概念

此结构是一种现代新型榫卯，不同于以往交叉结构都是由木方来完成接合的，此结构由三块板材组成，相互垂直相锁，榫头外露，外观上展现了结构的复杂性，力学强度也较高。

2）应用部位

造型风格独特的桌子、椅子的腿和左右边条接合处。

整体结构示意图

拆分结构示意图

【榫卯口诀】

新型榫卯巧连接，
榫头外露线条多。
制作简单外观美，
相互锁定强度高。

1 板材　　2 板材　　3 板材

整体透视图

◆ 制作要点：

此结构制作较为简单，取三根厚度相等的木板，在木板中间依据木板厚度和宽度切割出卯眼，竖着的板材和左边的板材分别根据木板宽度在板边合适位置开出小缺口。拼合时，先插入左边板材，再插入右边板材，完成相互锁定。如果觉得强度不够，可以在交接处开孔后拧入螺丝加固。

榫卯构造

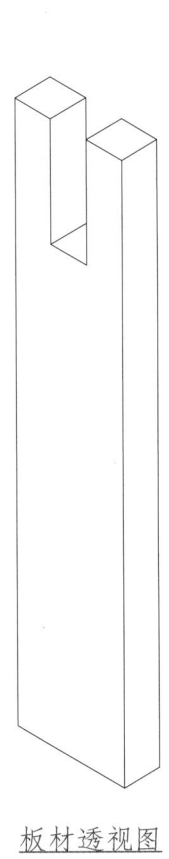

板材透视图

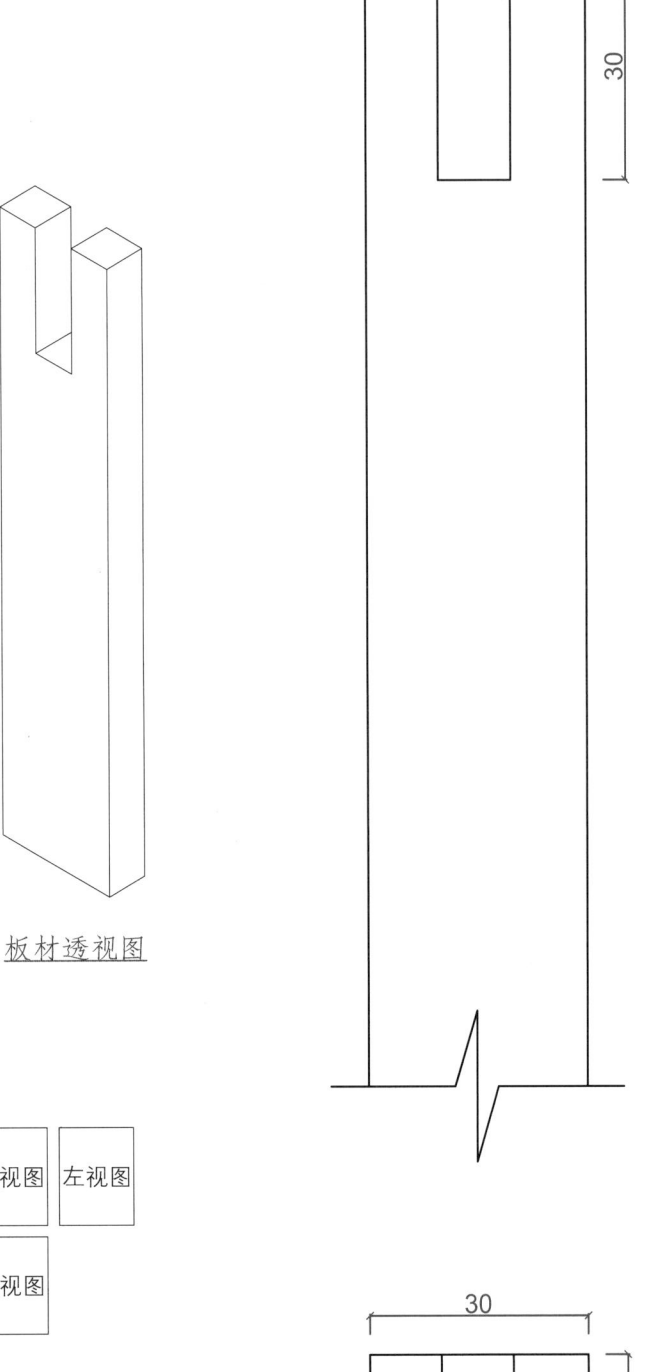

30
10 10 10

30

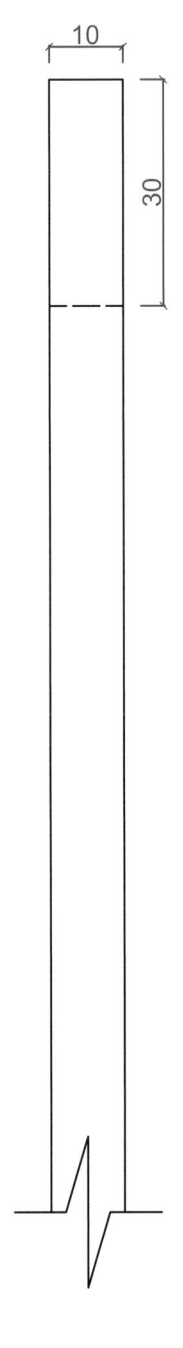

10

30

正视图	左视图
俯视图	

比例: 1:1

30

10

板材三视图

522

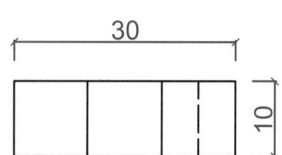

板材三视图

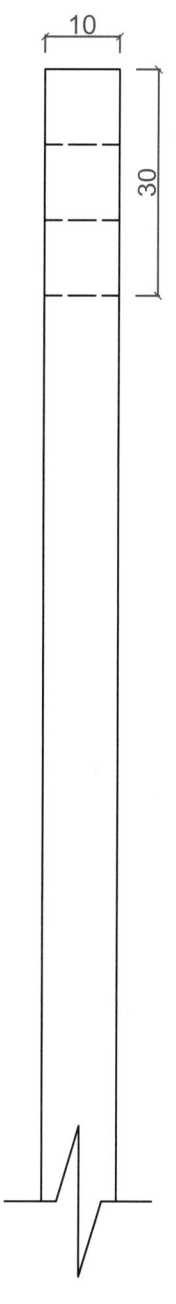

板材透视图

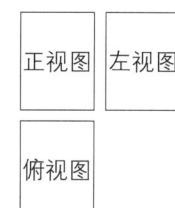

正视图	左视图
俯视图	

比例：1：1

榫卯构造

板材透视图

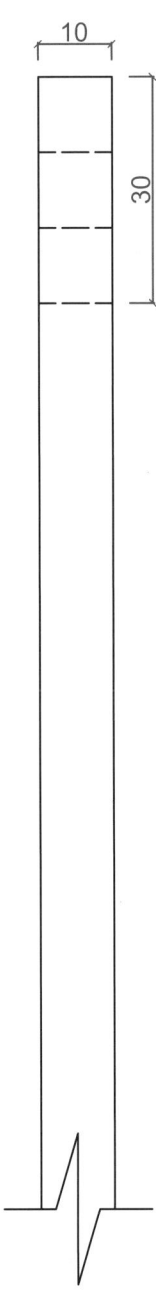

正视图	左视图

俯视图

比例：1：1

图版清单（三板交叉榫）：
整体结构示意图
拆分结构示意图
整体透视图
板材透视图
板材透视图
板材透视图
板材三视图
板材三视图
板材三视图

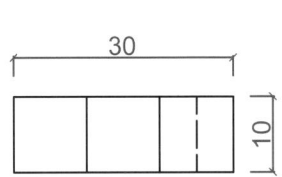

板材三视图

10. 十字交叉站立榫

1）基本概念

此结构是一种较为独特的五方向的榫卯接合形式，一般十字交叉面做底，上面一根可以支撑起其他结构或者单独使用。此结构也可以在较为复杂的大型家具或木结构中作为中间部件，连接其他部件，支撑起完整的架构。

2）应用部位

木结构中的相互交叉部位，如衣帽架底座和立柱接合处。

整体结构示意图

拆分结构示意图

榫卯构造

【榫卯口诀】

五方榫卯连接式，
十字交叉下支撑。
大小家具均适用，
配合紧密才牢固。

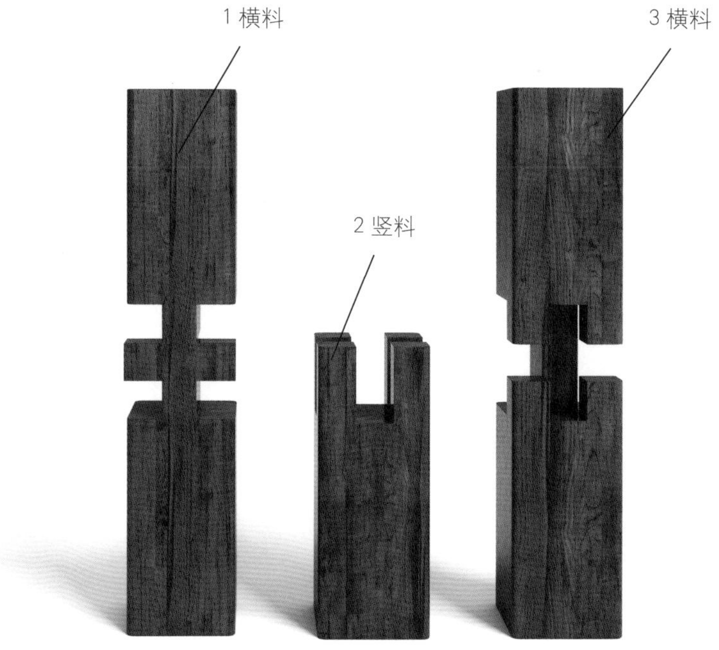

1 横料

3 横料

2 竖料

◆ 制作要点：

此结构制作较为精密复杂，需准确计算画线后方可制作。榫头和卯眼的尺寸不可过大或过小，配合需紧密才能牢固。

整体透视图

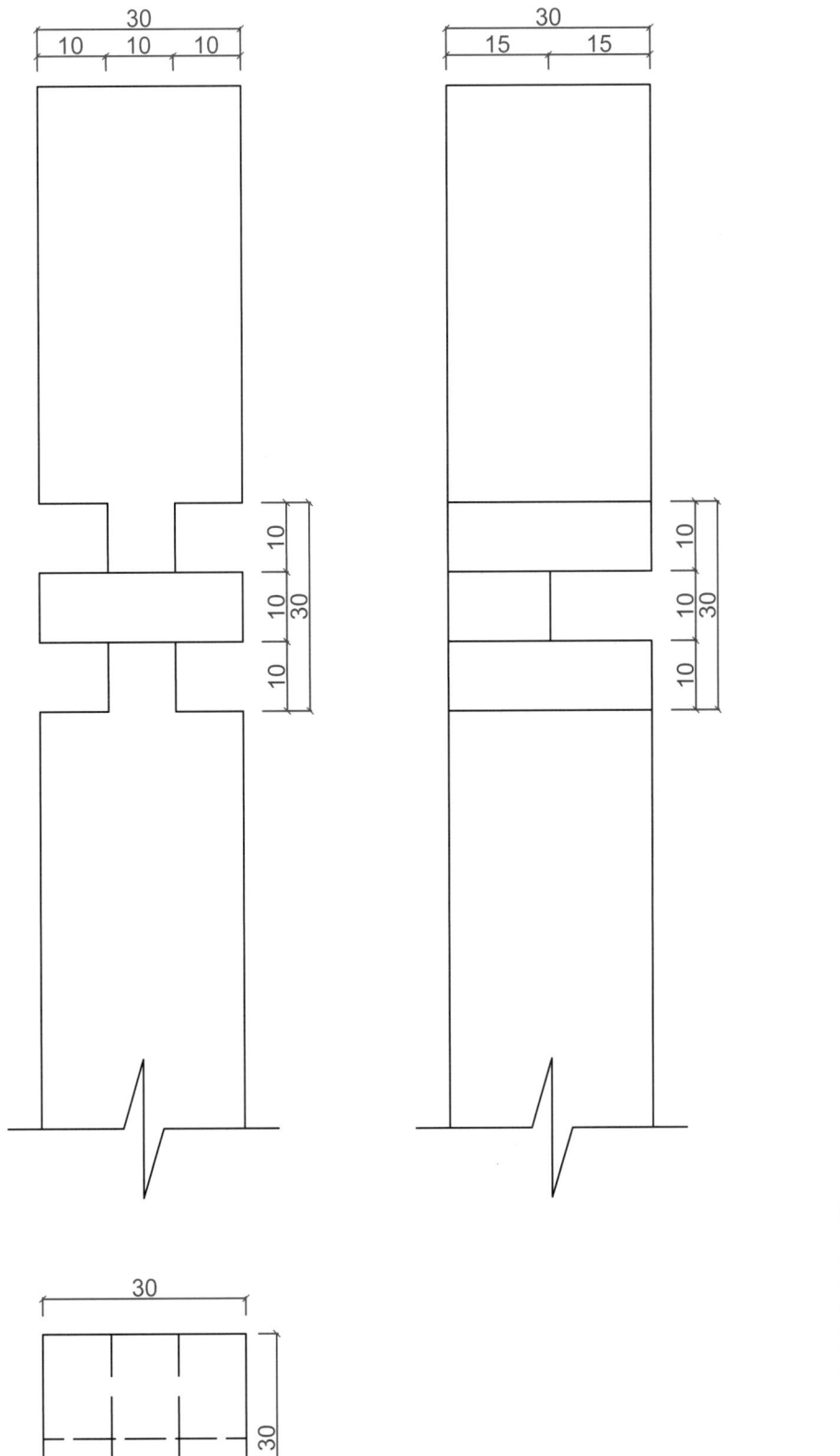

横料透视图

横料三视图

正视图　左视图

俯视图

比例: 1 : 1

榫卯构造

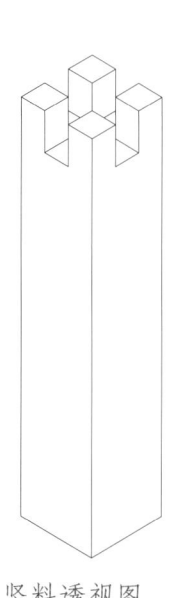

竖料透视图

正视图 左视图

俯视图

比例: 1:1

30

10 10 10

15

30

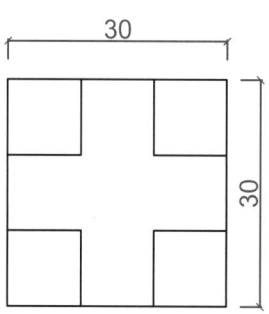

30

30

30

10 10 10

15

竖料三视图

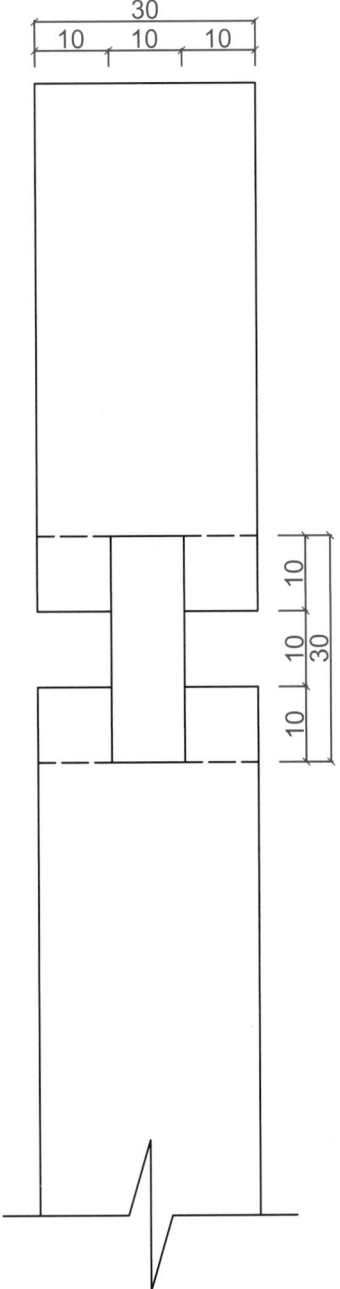

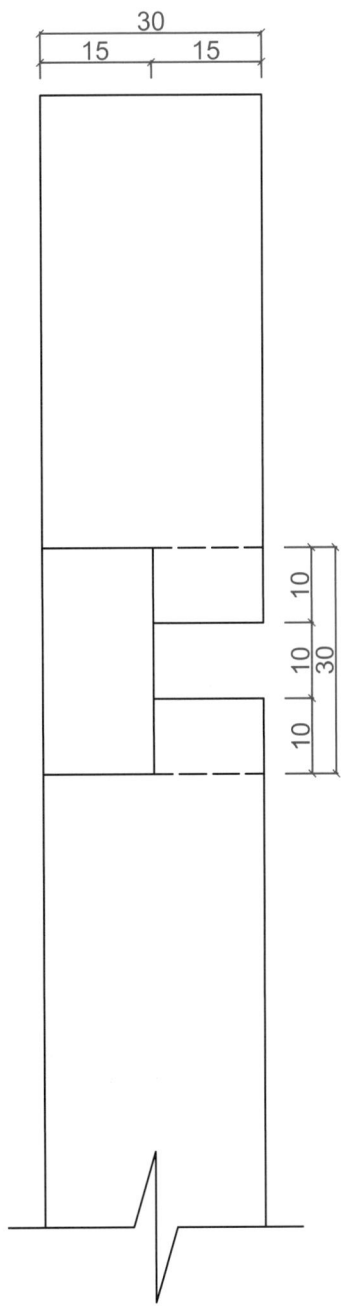

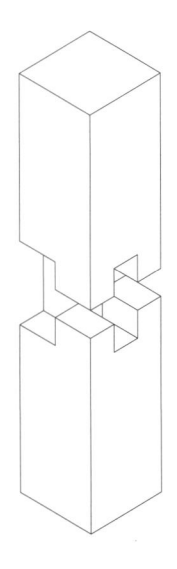

横料透视图

正视图 左视图

俯视图

比例：1：1

图版清单（十字交叉
站立榫）：
整体结构示意图
拆分结构示意图
整体透视图
横料透视图
竖料透视图
横料透视图
横料三视图
竖料三视图
横料三视图

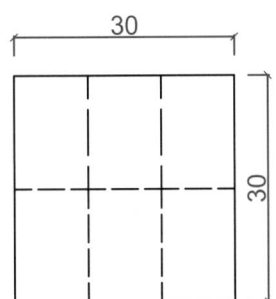

横料三视图

11. 三交叉榫

1) 基本概念

此结构为典型的现代榫卯，一方两板三交叉结构，以一根木方为基础，两块板材交叉连接后插入木方中。榫头外露，有一种特殊的美感。两板交叉可以围成面框，方便固定面板。此结构可以制作风格比较特殊的现代家具，但连接强度并不是很高。

2) 应用部位

多用于桌或椅子的腿与面的结合处。

整体结构示意图

拆分结构示意图

【榫卯口诀】

现代榫卯三交叉，
一木基础两木协。
结构外露现代美，
制作特殊强度弱。

3 竖料

1 横料

2 横料

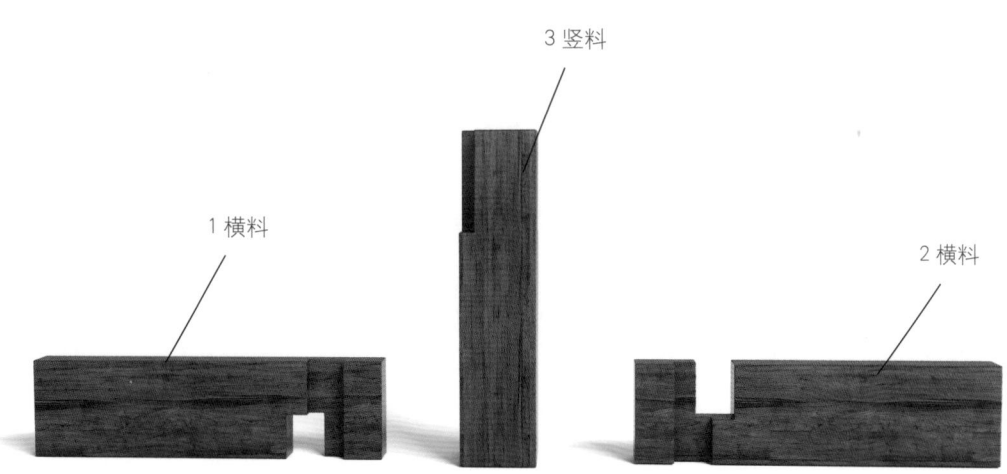

整体透视图

◆ 制作要点：

此结构制作较为简单，不过需要准确画线方可制作，需要在竖料和两块木板上切出相应的卯眼，互相配合插入。如有必要，可在两板上开孔使用螺丝紧固。

榫卯构造

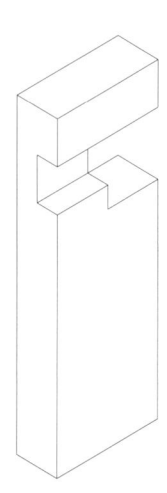

横料透视图

横料三视图

正视图　左视图

俯视图

比例: 1:1

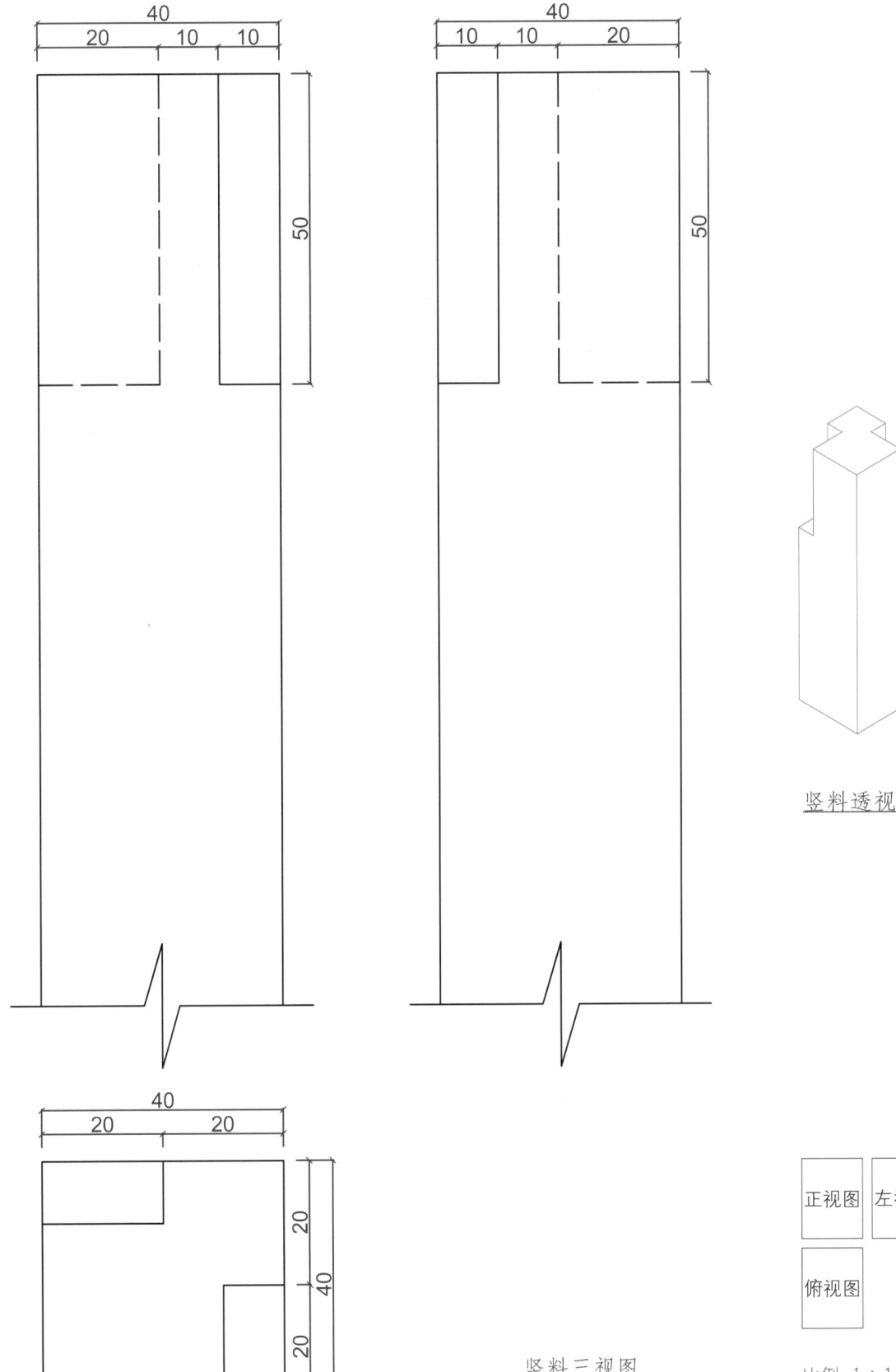

传承技艺

竖料透视图

正视图	左视图
俯视图	

竖料三视图

比例: 1 : 1

榫卯构造

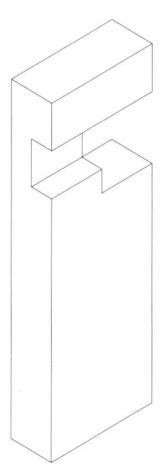

横料透视图

| 正视图 | 左视图 |
| 俯视图 | |

比例: 1 : 1

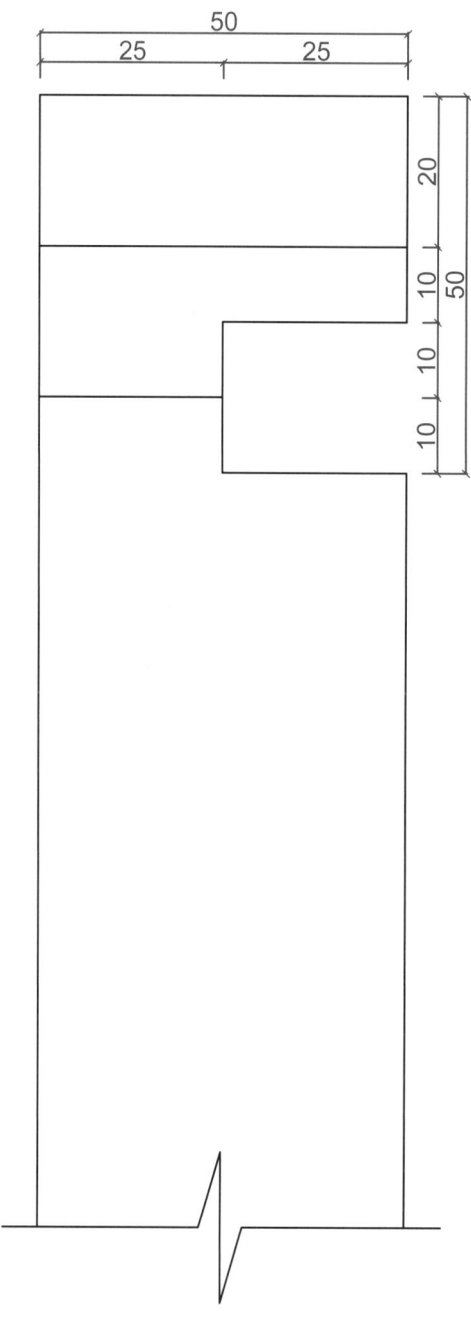

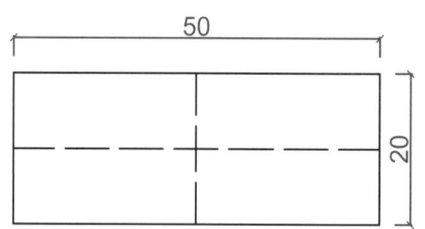

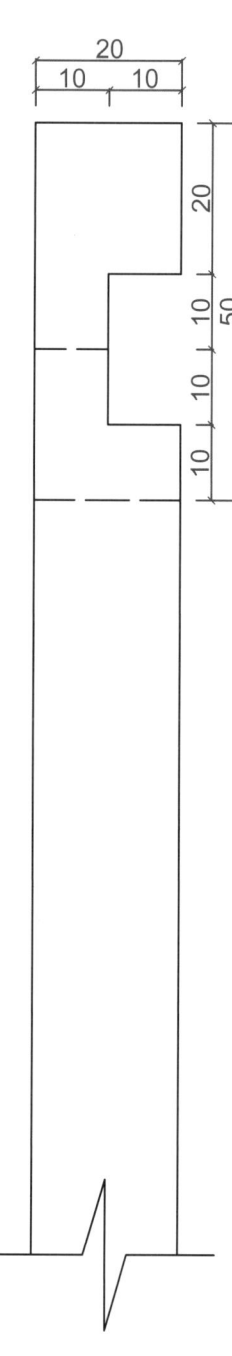

横料三视图

常见术语

半榫：也叫暗榫，榫眼不凿透，榫头不外露的榫卯。

透榫：也叫明榫，榫眼凿透，榫头外露的榫卯。

单榫：构件一头只出一个榫头。

双榫：构件一头出两个榫头。

榫舌：薄片形状的榫头。

榫夹：是开口榫眼的片状外壁。

榫销：构件本身不造榫，另作木销栽入或插入。

槽口：也叫打槽，在木料上用刀具根据需要打一定深度和宽度的沟并用来装板。

板舌：是指在装板上裁口的剩余部分，有时也称舌头，板舌和槽口是相对应的。它们是一对，有什么样的板舌打什么样的槽口。

装板：嵌入框架内的薄板，做家具离不开装板，装板必须有框料通过打槽围起来，它有时是独板，有时是由多块拼接起来的。

榫肩：榫头左右各切去一半，留下三角形或者梯形部分，像是人的肩膀。

实肩：是榫头和肩连在一起的结构。

虚肩：是榫头和肩分离的结构，或解释为榫头和肩膀之间有夹皮。

飘肩：是圆材相交时榫头外肩的形状（也称为蛤蟆肩）。

格肩：动词，指切出榫肩；也作名词，指45度的榫肩。

小格肩：榫头肩的形状呈梯形。

大格肩：榫头肩的形状呈三角形（也称八字肩）。

齐肩：榫头做成直榫，不格肩。

活拆：是指家具不上胶水，随时都可拆开或组装。

接合：也可理解为结合或连接。

掉肉：在横竖材接合时，木料经常出现横材尖角，受力一大此处便开裂，便掉下来木块或木渣，掉下来的部分习惯称之为"掉肉"。

虚：就是不严，有微小的缝隙。

看面：就是家具正常摆放时看得见的地方。

木划：是按1：1的大样图或实物大小画出加工轮廓线。

崩口：主要指打槽装板结构中槽口受伤、开裂，有时也指燕尾槽的开裂。

挓度：指家具的器型或两个腿子的间距上窄下宽。

透天：是指拼板开裂后能直接看穿，也称透亮。

枨子：是指腿足间的联结结构，有管脚枨、罗锅枨、霸王枨、裹腿枨、十字枨等。

攒边打槽装板：四根方形木料相互攒接成边框，然后将板心装在四根边框组合在预留的空槽内，是面板接合中最重要的方式。

边抹：用攒边的方法做成的方框，如桌面、凳面、床面等，两根长而出榫的叫"大边"，两根短而凿有榫眼的叫"抹头"。如四根一般长，则以出榫的叫"大边"，凿眼的叫"抹头"。也可以合起来简称"边抹"。

穿带：贯穿面心背板，出榫与大边的榫眼接合的木条。

伸缩缝：心板与边框预留的缝隙，宽度一般在0.3～0.5厘米以内，用于适应热胀冷缩或干缩湿胀。

吃线：榫头线锯割时把画的线锯掉，榫眼线朝外（大面、小面）留线。

留线：榫头线锯割时不把画的线锯掉，榫眼线朝内（后面、里面）吃线。

附录：图版索引

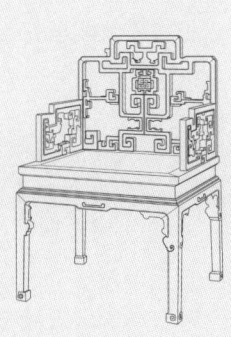

图版索引

538

图版索引

图版

图版索引

图版

542

图 版 索 引